Vorwort

„Eine Formel verändert die Welt"!
Selten hat sich diese Feststellung so in unserer Welt bewahrheitet, wie mit der Beziehung $E = mc^2$.

In den ersten drei Jahrzehnten dieses zu Ende gehenden Jahrhunderts sind drei Theorien entstanden, mit denen die Auffassung des Menschen von der Physik und der Wirklichkeit revolutionär verändert wurden. Noch heute sind die Wissenschaftler damit beschäftigt, ihre Bedeutung auszuloten, die Theorien miteinander zu verbinden und Wege einer anschaulichen und verständlichen Darstellung zu suchen. Es handelt sich um

- die spezielle Relativitätstheorie (1905),
- die allgemeine Relativitätstheorie (1915) und
- die Quantentheorie (1926).

Neben der Quantentheorie gilt die Relativitätstheorie als der grundlegendste Beitrag des 20. Jahrhunderts zum Verständnis von Welt und Natur.

Die beiden zentralen Resultate der speziellen Relativitätstheorie, die vom so genannten „gesunden Menschenverstand" nur zögernd akzeptiert werden, sind die Relativität der Gleichzeitigkeit sowie die Verschmelzung der Begriffe Masse und Energie ($E = mc^2$). Zwar ist letztere Tatsache ins öffentliche Bewusstsein vor allem durch die Anwendung in der Kernenergiewirtschaft gedrungen, aber gerade das Staunen der Menschen am 11. August 1999 über das Phänomen Sonne hat deutlich gemacht, wie wenig wir die physikalisch-mathematischen Prozesse verinnerlicht haben. So ist uns wenig bewusst, dass etwa in den GPS (Global Positioning Satellite-Systems)-Positionstaschenmessgeräten, die von Millionen Menschen täglich benutzt werden, die spezielle wie auch die allgemeine Relativitätstheorie konstruktiv eingearbeitet sind.

Das Hauptanliegen dieser Schrift soll es sein, den Schülerinnen und Schülern durch möglichst **elementare und didaktisch eindrucksvolle Darstellungen der Relativitätstheorie** einen Zugang zu diesem physikalisch interessanten und auch für das 21. Jahrhundert entscheidenden Gebiet zu ermöglichen. Es würde einem Versagen unseres Bildungssystems gleichkommen, würden wir diese fundamentalen Erkenntnisse den jungen Menschen nicht überzeugend vermitteln. Wir können und dürfen die Schüler nicht mit Vorstellungen des Weltbildes aus dem 19. Jahrhundert in das 21. Jahrhundert führen. Moderne gymnasiale Bildung heißt zu begreifen, „was die Welt im Innersten zusammenhält!"

Der **Deutsche Philologenverband** begrüßt es daher, dass Sponsoren und Firmen, wie

- Casio Computer Co. GmbH Deutschland
- Daimler Chrysler AG
- E.ON Energie AG
- Gemeinschaftskernkraftwerk Neckar GmbH
- Kernkraftwerk Obrigheim GmbH
- Leybold Didactic GmbH
- Phywe Systeme GmbH
- RWE Power AG
- Siemens AG
- Verein Deutscher Ingenieure (VDI)

die Herausgabe und Verbreitung dieser **beispielhaften Unterrichtsdarstellung** ermöglicht haben. Ihnen allen sei herzlich gedankt.

Oktober 1999

OStD Heinz Durner, Vorsitzender des Deutschen Philologenverbandes

Abb. 1: Vor dem Mount-Wilson-Observatorium, vorne stehend Einstein, Walter Adams und William Wallace Campbell, dessen entscheidende Beobachtungen die Relativitätstheorie weiter bestätigten. Hier hat Edwin Hubble sein berühmtes Gesetz entdeckt, das die Fluchtgeschwindigkeit der Galaxien mit ihrer Entfernung von der Erde verbindet.

Einstein: ***„Das Erstaunlichste an der Welt ist, dass man sie verstehen kann".***

Quelle: Sugimoto

„Zum Erstaunen bin ich da“ (J. W. von Goethe)

Leitbild des naturwissenschaftlichen Unterrichtes sollte dieser Satz von Goethe sein. Es gilt die Fähigkeit zum Staunen im jungen Menschen zu wecken. **Alle geistigen Menschen eint die Fähigkeit zum Staunen.** Gerade in unserer Zeit der Reizüberflutung droht die Gefahr, dass diese Fähigkeit verschüttet wird. Die Fähigkeit zum Staunen ist eine schöpferische Dimension im Menschen und mit ihr fängt naturwissenschaftliche Faszination überhaupt erst an. Max Planck, Albert Einstein und Werner Heisenberg haben z. B. darüber gestaunt, dass man überhaupt weite Bereiche der Natur mathematisch beschreiben kann. Warum ist das so?

Welche Gründe sprechen dafür, die spezielle Relativitätstheorie im gymnasialen Oberstufenunterricht zu behandeln? Es sind die folgenden:

- Mit der speziellen Relativitätstheorie 1905 und mit Planck's Entdeckung der Konstanten h im Jahre 1900 begann die **moderne Physik.**

- Die spezielle Relativitätstheorie ist **mathematisch sehr einfach und physikalisch sehr tiefgründig.** Während die Quantenphysik mathematisch sehr schnell recht verwickelt wird, ist dies bei der speziellen Relativitätstheorie **nicht** der Fall. So beschränkt sich - mit Ausnahme des Kapitels 11 - die hier verwendete Mathematik auf Quadrieren, Wurzelziehen und eine einfache binomische Reihenentwicklung. Sowohl der Bau der Teilchenbeschleuniger als auch die moderne Elementarteilchenphysik sind ohne die Erkenntnisse der speziellen Relativitätstheorie undenkbar.

- Die Ergebnisse der speziellen Relativitätstheorie **erschütterten** zum ersten Mal die **menschliche Vorstellungskraft** und zeigen, dass die „Physik der hohen Geschwindigkeiten“ zu ganz anderen Resultaten führt als es der Mensch mit seinem normalen Verstand im Bereich der klassischen Welt gewohnt war. Damit wurden die Physiker **vorgewarnt** für die noch viel radikaleren Änderungen, die erkenntnistheoretisch im Bereich der modernen Quantenphysik vollzogen werden mussten.

- Bei der speziellen Relativitätstheorie handelt es sich um ein **Invarianzgesetz.** Invarianzen und Symmetrien spielen heute in der modernen Physik eine herausragende Rolle und scheinen gewissermaßen die entscheidenden Elemente des Planes zu sein, nach dem die Natur geschaffen ist. Am Beispiel der **Lorentz-Invarianz** kann der Schüler mit Staunen sehen, welch ungeheure Vielzahl von physikalischen Phänomenen auf ein **einziges Invarianzgesetz** zurückzuführen ist.

- Die zwei großen Theorien zu Beginn des 20. Jahrhunderts, die spezielle Relativitätstheorie und die Quantenmechanik, sind zunächst **unabhängig** voneinander entwickelt worden. Es gibt viele physikalische Gebiete, für die

Quanteneffekte wichtig sind, aber relativistische Korrekturen vernachlässigbar sind. Umgekehrt treten häufig Phänomene auf, die relativistische Geschwindigkeiten (d.h. v nahezu c) enthalten, für die aber die Verfeinerungen der Quantenmechanik ohne Einfluss sind. Die Auswirkungen der einen Theorie können in weiten Bereichen ohne die der anderen diskutiert werden.

Albert Einstein war nicht nur ein genialer Physiker, sondern eine der faszinierendsten Persönlichkeiten unseres Jahrhunderts. Markenzeichen der hier vorgelegten Schrift ist daher die **enge Verbindung von Biographie, Erkenntnistheorie und leicht nachvollziehbaren Beispielen.** Möge diese Kombination den Leser an das Thema fesseln und einen Einblick in die mathematische Einfachheit = Schönheit dieser Theorie geben. Ein didaktischer Hinweis: Die Schrift ist sowohl für den **Grundkurs als auch für den Leistungskurs** geschrieben. Für den Grundkurs sind die ersten vier Kapitel gedacht, für den Leistungskurs kommen die restlichen hinzu.

Für kritische Durchsicht und wertvolle Anregungen danke ich Herrn Prof. Dr. Dr. h. c. Wolfgang Weidlich, Ordinarius für Theoretische Physik an der Universität Stuttgart, sowie Herrn OStD Heinz Durner, Vorsitzender des Deutschen Philologenverbandes, der sich für die bundesweite Bekanntmachung der Schrift eingesetzt hat.

A. Wünschmann

Inhalt

Die universale Bedeutung der Gleichung $E = m\,c^2$

Niemand kann Energie erzeugen oder vernichten: Wir können Energie nur umwandeln

Im Mittelalter glaubten viele Erfinder, Energie ließe sich gewissermaßen aus dem Nichts zaubern. Ausgeklügelte Maschinen wurden konstruiert, die ohne Energiezufuhr in „ewiger Bewegung“ bleiben und noch Arbeit verrichten sollten.

Wir wissen heute: Ein solches **„Perpetuum Mobile“ gibt es nicht und wird es nie geben.** Allerdings reden die Ingenieure manchmal salopp von „Energieerzeugung“, aber niemand kann Energie erzeugen. Alles was wir können, ist, aus Energie in der einen Form Energie in der anderen Form zu machen. **Wir können Energie nur umwandeln.**

Wenn wir Kohle verbrennen, so wandeln wir **Sonnenenergie** um: Denn über den Prozess der Photosynthese ist in den Pflanzen und damit in der Kohle Sonnenenergie gespeichert worden. Wenn wir mit einem Wasserkraftwerk Strom erzeugen, so greifen wir auf die Sonnenenergie zurück: Durch die Sonneneinstrahlung ist das Wasser verdunstet, hochgehoben und in einem Bergsee angesammelt worden, kann nun in die Tiefe stürzen und so eine Turbine und einen Generator antreiben. Wenn wir mit einem Segelboot über die Wasserwellen gleiten, nutzen wir Sonnenenergie: Denn ohne Sonne kein Wind...

Das Rätsel der Sonnenenergie

Die Sonne ist nicht nur Mittelpunkt unseres Sonnensystems, sondern im wahrsten Sinne des Wortes **Spenderin allen irdischen Lebens.** In jeder Sekunde strahlt die Sonne $3{,}7 \cdot 10^{26}$ Joule in den Weltraum ab. Und sie tut dies schon seit vier Milliarden Jahren! Ein Joule ist übrigens die Energie, die nötig ist, um ein Kilogramm Materie etwa 10 cm hoch zu heben. Für die Wissenschaftler war es lange Zeit ein Rätsel, wie die Sonne so ungeheuer viel Energie produzieren kann. Chemische Energie oder Gravitationsenergie kommen für eine Erklärung nicht in Frage, da die freigesetzten Energiemengen viel zu klein wären.

1905 veröffentlichte Einstein seine berühmte Gleichung $E = m\,c^2$

Die Lösung des Rätsels der Sonnenenergie kam aus einer ganz anderen, völlig unerwarteten Richtung: Im Jahre 1905 veröffentlichte der 26-jährige Einstein seine **spezielle Relativitätstheorie.** Hier ging es vor allem um eine Erklärung der experimentellen Tatsache (Michelson-Morley Experiment), dass **die Lichtgeschwindigkeit in allen sich mit gleichförmiger Geschwindigkeit gegeneinander bewegenden Koordinatensystemen die gleiche ist.** Eine Deutung ließ sich nur finden, wenn man so seltsame Erscheinungen in Kauf nahm, wie es die Dehnung der Zeit oder die Verkürzung der Länge eines Körpers sind. Insbesondere musste Einstein den Schluss ziehen, dass ein bewegter Körper eine größere Masse besitzt als ein ruhender. Das Ergebnis seiner Analyse gipfelte in der berühmten Gleichung

$$\mathbf{E = m\ c^2.}$$

In dieser Formel bedeuten *E* die Energie, *m* die Masse und

$c = 300\,000\ \frac{km}{sec}$ die Geschwindigkeit des Lichtes.

Was sagt die Einsteinsche Gleichung?

Erstens sagt sie, dass Masse eine Art Energie ist. Ein Stück Materie kann deshalb als „eingekapselte Energie“ betrachtet werden. In einer kleinen Masse steckt offenbar, wegen der Multiplikation mit c^2, eine riesige Energie. Würde man 1 g Materie vollständig in Energie umwandeln, so ergäben sich

$$E = 10^{-3}\ \text{kg} \cdot 9 \cdot 10^{16}\ \frac{\text{m}^2}{\text{sec}^2} = 9 \cdot 10^{13}\ \text{Joule} = \mathbf{25 \cdot 10^6\ kWh}$$

(1 Joule = 1 Newtonmeter = 1 kg $\cdot \frac{\text{m}^2}{\text{sec}^2}$

1 Joule = $2{,}78 \cdot 10^{-7}$ kWh)

Die in der Pappe einer Eisenbahnfahrkarte steckende Energie würde genügen, einen D-Zug mehrere Male um den Äquator zu bewegen.

Zweitens sagt die Einsteinsche Gleichung, dass Energie Masse besitzt, also „etwas wiegt“. Normalerweise bemerken wir das nicht, denn nach der Formel $m = \frac{E}{c^2}$ steht jetzt c^2 als sehr große Zahl im Nenner. Bei gewöhnlichen chemischen Reaktionen, die sich in der Atomhülle abspielen, sind die Energieumsetzungen so gering, dass der entsprechende **Massenschwund** weit unterhalb der Grenze der Nachweisbarkeit liegt. Ganz anders aber sieht die Situation aus, wenn die **Atomkerne** selbst ins Spiel kommen, z. B. bei der Kernspaltung oder der Kernfusion. Dann sind die Massendefekte viel größer und durchaus messbar.

Eindrucksvolle Bestätigung der Einstein-Gleichung: Die direkte Umwandlung von Strahlung in Materie und umgekehrt

Ein eindrucksvolles Beispiel für die Richtigkeit der Einsteinschen Gleichung ist die direkte Umwandlung von Strahlung in Materie und umgekehrt, also z. B. die Reaktion:

γ - Photon $\rightleftharpoons$ Elektron + Positron

Positronen sind Elektronen mit positiver Ladung. Sie wurden zuerst in der Höhenstrahlung mit einer Nebelkammer gefunden, die sich in einem Magnetfeld befand. Photonen großer Energie ($h\nu$) können sich in ein Elektronenpaar, d.h. ein Elektron und Positron, umwandeln. Der Erhaltungssatz der elektrischen Ladung wird dabei nicht verletzt. Das Elektronenpaar hat zusammen die Ladung Null.

Die Energiegleichung heißt:

$$h\,\nu = 2\,m_o\,c^2 + E^-_{kin.} + E^+_{kin.}$$

$E^-_{kin.}$, $E^+_{kin.}$ = kinetische Energie des Elektrons bzw. Positrons

h = Plancksche Konstante

ν = Frequenz des Photons

m_o = Ruhmasse des Elektrons bzw. Positrons

Abb. 2 zeigt einen solchen Prozess: In einer Nebelkammer fallen von unten her γ-Photonen hoher Energie auf eine dünne Bleiplatte *Pb.* Dabei werden zwei Elektronenpaare beobachtet. Ihre Bahnen sind kreisförmig gekrümmt, weil die Kammer senkrecht zur Papierebene von einem Magnetfeld durchsetzt war.

Umgekehrt können ein Elektron und ein Positron zerstrahlen. Dabei entstehen wegen der Impulserhaltung zwei einander entgegengerichtete Photonen.

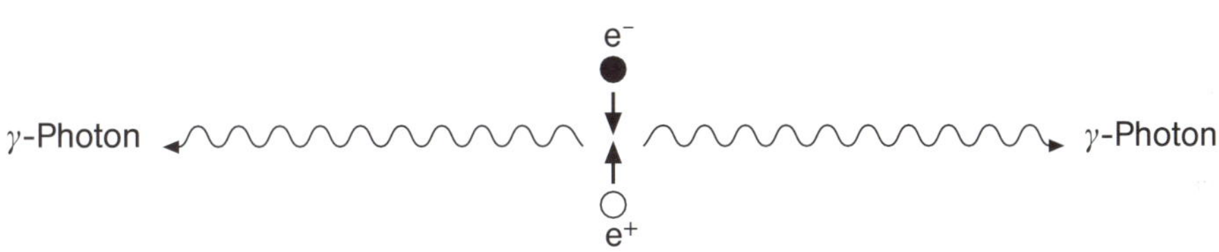

Abb. 2:

*Verwandlung von zwei γ-Photonen in zwei Elektronenpaare. Dabei müssen die **Erhaltungssätze von Ladung, Energie und Impuls** erfüllt sein.*

*So ist dieser Vorgang im Vakuum **nicht** möglich, da der Impulssatz verletzt wäre. Denn der Photonenimpuls p_γ wäre hier stets größer als der Impuls des Elektronenpaares: $p_\gamma = \frac{h\nu}{c} > p_1 + p_2$. Deswegen läuft der Prozess in einer Pb-Platte ab. Der Pb-Kern bringt den Impulssatz in Ordnung.*

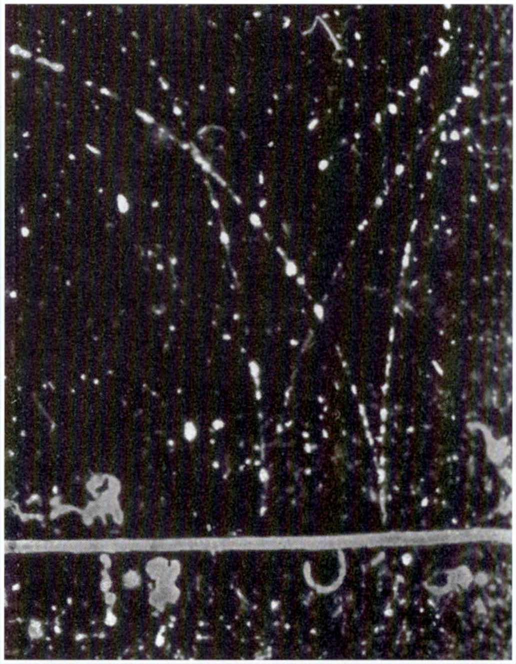

Pb

Quelle: Pohl, Elektrizitätslehre.

Nach der Gleichung E = m c² wird die Sonne in jeder Sekunde um vier Millionen Tonnen leichter

Doch jetzt zurück zu unserer Sonne. Wir wissen heute: Die Sonne ist ein gigantischer **Kernfusionsreaktor,** in ihrem Zentrum herrscht eine Temperatur von etwa 20 Millionen Grad. Bei der Kernverschmelzung vereinigen sich Wasserstoff-Atomkerne (Protonen), und es entsteht Helium. Ein Heliumkern, der aus zwei Protonen und zwei Neutronen besteht (Protonen und Neutronen wiegen etwa gleich viel), wiegt $6{,}6447 \cdot 10^{-27}$ kg. Wiegt man die zwei Protonen und die zwei Neutronen dagegen einzeln, kommen $6{,}6951 \cdot 10^{-27}$ kg heraus. Wenn sich die vier Bausteine zusammentun und einen Heliumkern bilden, entsteht also ein Massendefekt von $0{,}05 \cdot 10^{-27}$ kg, was ungefähr ein Prozent ihrer gesamten Masse ausmacht. Dieser Massenverlust erscheint nach der Einsteinschen Gleichung als Energie. In der Sonne verschmilzt laufend Wasserstoff zu Helium, die Sonne wird in jeder Sekunde um **vier Millionen Tonnen** leichter – so viel „wiegt" die Energie, die von der Sonne pro Sekunde ins Weltall abgestrahlt wird (Abb. 3)!

Abb. 3: Unser lebensspendender Fixstern, die Sonne, ist ein gewaltiger Kernfusionsreaktor. In jeder Sekunde werden im Innern der Sonne etwa 500 Millionen Tonnen Wasserstoffkerne (Protonen) in 496 Millionen Tonnen Helium umgewandelt, der Rest wird als Energie abgestrahlt. Die gewaltige Eruption (links oben) wurde von Bord der amerikanischen Raumstation Skylab beobachtet. Die Erde wäre in diesem Maßstab nur etwas größer als der Punkt am Ende dieses Satzes.

Einige wichtige Daten zur Sonne:

Mittlere Entfernung von der Erde:	*ca. 150 Millionen km*
Masse:	*332 000 Erdmassen*
Durchmesser:	*109 Erddurchmesser*
Gravitationsbeschleunigung an der Oberfläche:	*28 mal Schwerebeschleunigung an der Erdoberfläche*
Energieproduktion je Zeiteinheit:	$3{,}7 \cdot 10^{23}\ kW = 3{,}7 \cdot 10^{26}\ \frac{Joule}{sec}$

Quelle: Our Universe, Washington, D.C.

Auch bei der Spaltung von U-235 in einem Kernreaktor oder bei der Explosion einer Atombombe wandelt sich ein kleiner Teil der Masse in Hitze, Druck und Strahlung um. Auch hier reguliert die Einsteinsche Gleichung die Energiebilanz (Abb. 4).

„Einstein gehört zu der Größenordnung Isaac Newtons“ (Max von Laue) und: Im Jahre 1995 war das 40. Todesjahr Albert Einsteins – Anlass genug, der Frage nachzugehen: „Wer war Albert Einstein?“

Die Entwicklung der Naturwissenschaft hat den Dschungel des Aberglaubens vergangener Zeiten zurückgedrängt und damit die Voraussetzung für unsere westliche Kultur mitgeschaffen. Dieser bleibende **kulturelle Beitrag** der Naturwissenschaft ist Gegenstand des Kapitels „Vom magischen zum naturwissenschaftlichen Weltbild“. Die Broschüre schließt mit einigen Beispielen zur Veranschaulichung, der Herleitung der Lorentz-Transformation, dem relativistischen Doppler-Effekt und einem Vortrag Albert Einsteins.

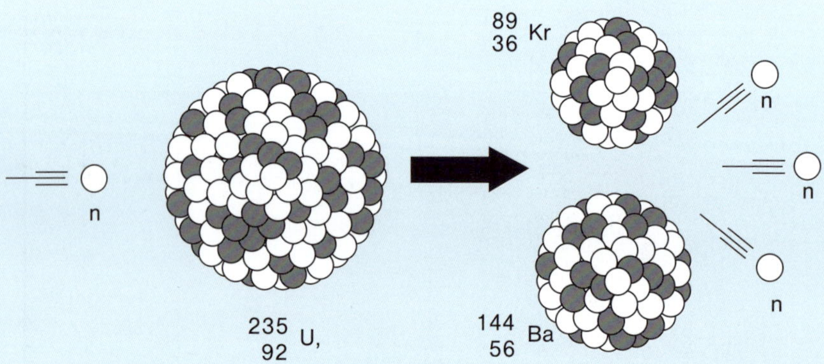

Abb. 4: Bei der Spaltung von U-235 durch Neutronen (n) kann es verschiedene Trümmerkerne geben, z. B. Barium und Krypton. Bei der vollständigen Spaltung von 1 kg U-235 wird eine Energie von ca. 23 Millionen kWh frei; dies entspricht einem Massenverlust von 0,9 g.

Als Merkregel gilt:

- *Bei der Entstehung von 1 kg Helium durch **Fusion** von Wasserstoff wird eine Energie von etwa **200 Millionen kWh** frei. Alle Fixsterne gewinnen ihre Energie durch Fusion. Vereinfacht lässt sich dieser Prozess so darstellen:*

  4 Protonen $\rightarrow {}^{4}_{2}$ *Helium + 2 Positronen + Energie*

- *Bei der **Spaltung** von 1 kg U-235 wird eine Energie von rund **23 Millionen kWh** frei.*
- *Bei der **Verbrennung** von 1 kg Steinkohle (Heizwert ca. 7000 kcal/kg) werden etwa **8 kWh** frei.*

Quelle: Wünschmann

Wer war Albert Einstein?

Abb. 5: Albert Einstein (1879 - 1955)

„Wenn ich in den Grübeleien eines langen Lebens eines gelernt habe, so ist es dies, dass wir von einer tieferen Einsicht in die elementaren Vorgänge viel weiter entfernt sind als die meisten unserer Zeitgenossen glauben, so dass geräuschvolle Feiern der tatsächlichen Sachlage wenig entsprechen“.

(Aus einem Brief Einsteins an Max von Laue anlässlich einer Einladung zu der 50-jährigen Feier der Lichtquanten- und Relativitätstheorie)

Quelle: Hermann, Große Physiker, Stuttgart

Albert Einstein wurde am 14. März 1879 in Ulm geboren. Sein Vater war ein Kaufmann jüdischer Religion, welcher sein Glück mit Fabrikation und Vertrieb von Dynamos, Bogenlampen und Messinstrumenten zuerst in Ulm, dann in München, schließlich in Padua und Mailand versuchte, ohne dass das Unternehmen floriert hätte; als Kind muss Einstein mehrmals Not miterlebt haben.

Schule und Studium

Mitgebracht auf die Welt hatte Einstein die Anlage zum frühreifen, eigenwilligen Genie. In allen Stadien seiner Ausbildung sog er begierig Kenntnisse ein, die ihm zusagten, d. h. physikalische und anfangs auch mathematische; das andere suchte er als einen den Geist unnütz belastenden „Wust" beiseite zu schieben. So darf es nicht wundern, wenn er sich im Münchener Luitpoldgymnasium durch die Schuldisziplin bedrückt fühlte. Hinzu kam, dass ihn die Überschätzung alles Militärischen abstieß, welche damals in Deutschland üblich war. Kurz entschlossen verließ er 1894 eigenmächtig Gymnasium und Deutschland. Nach einem kurzen Besuch der Internationalen Schule in Mailand meldete er sich im Frühherbst 1895 bei der Eidgenössischen Technischen Hochschule Zürich zum Studium. Die für solche Fälle zuständige Aufnahmekommission prüfte ihn und erkannte die mathematischen und naturwissenschaftlichen Kenntnisse, die er sich zum Teil durch Selbststudium erworben hatte, durchaus an, vermisste aber hinreichende Kenntnisse der klassischen Sprachen und musste ihm deshalb die Zulassung verwehren. Auf Rat eines Dozenten holte er das Fehlende auf der obersten Klasse der Kantonsschule in Aarau nach.

Im Oktober 1896 konnte sich Einstein dann bei der Abteilung VI der Technischen Hochschule Zürich für das mathematisch-physikalische Fachlehrerstudium einschreiben.

Über sein Studium berichtet Einstein in seiner 1946 verfassten Selbstbiographie. Er erwähnt von seinen Lehrern keinen Physiker, sondern nur die Mathematiker Hurwitz und Minkowski, um alsbald hinzuzufügen, er habe ihre Vorlesungen keineswegs regelmäßig besucht. Denn während er sich in seiner Kindheit an Euklids Geometrie begeistert hatte, war inzwischen der Zug zur Naturwissenschaft durchgebrochen.

Einstein: *„Ich arbeitete die meiste Zeit im physikalischen Laboratorium (Praktikum), fasziniert durch die direkte Berührung mit der Erfahrung. Die übrige Zeit benutzte ich hauptsächlich, um die Werke von Kirchhoff, Helmholtz, Hertz etc. zu Hause zu studieren".*

Er entschuldigt die Vernachlässigung der Mathematik mit deren Aufspaltung in so viele unabhängige Spezialgebiete, zwischen denen zu wählen ihm schwer geworden sei, und mit mangelnder Einsicht in die Bedeutung der Mathematik für ein tieferes Eindringen in die theoretische Physik.

„Diese dämmerte mir erst allmählich, nach Jahren selbständiger wissenschaftlicher Arbeit“, d. h. beim Ausbau der Relativitätstheorie. Einstein weiter: *„Freilich war auch die Physik in Spezialgebiete geteilt, deren jedes ein kurzes Arbeitsleben verschlingen konnte, ohne dass der Hunger nach tieferer Erkenntnis befriedigt würde. Die Masse des erfahrungsmäßig Gegebenen und ungenügend Verbundenem war auch hier überwältigend. Aber bald lernte ich es hier, dasjenige herauszuspähen, was in die Tiefe führen konnte, von allem Anderen aber abzusehen, von dem Vielen, was den Geist ausfüllt und von dem Wesentlichen ablenkt“.*

Einstein musste zwei Examina über sich ergehen lassen. Die Vorbereitung zum zweiten hatte den Erfolg, dass er nach dessen Bestehen im Vorsommer 1900 die Wissenschaft für ein Jahr satt hatte. Das ist in dem echt Einsteinschen Satz ausgedrückt:

„Ich denke, dass man selbst einem gesunden Raubtier seine Fressgier wegnehmen könnte, wenn es gelänge, es mit Hilfe der Peitsche fortgesetzt zum Fressen zu zwingen, wenn es keinen Hunger hat, besonders, wenn man die unter solchem Zwang verabreichten Speisen entsprechend auswählte“.

Einstein erhielt übrigens in diesem Diplomexamen, in welchem man im besten Fall sechs Punkte pro Prüfungsfach bekommen konnte, in der praktischen und theoretischen Physik je fünf Punkte, ebenso in der Astronomie, in der Funktionentheorie 5,5 und für die Diplomarbeit 4,5.

Das Studium hatte Einstein jetzt abgeschlossen. Was nun? Die Physik war damals kein Brotstudium. Die Unterstützung, welche ihm eine entfernte Verwandte für die Ausbildungszeit gegeben hatte, fiel weg. Während die Studiengenossen, die gleichzeitig das Examen bestanden hatten, meist Assistenstellen erhielten, ging Einstein leer aus – vielleicht wegen der so oft versäumten Vorlesungen.

Bis zum Herbst 1901 hielt er sich bei bescheidenster Lebensführung durch Rechenaufgaben über Wasser, welche er für den Züricher Astronomen Wolfer erledigte. Zeitweise kam hinzu eine Vertretung am Technikum Winterthur für den mathematischen Unterricht. Dann war er vorübergehend Lehrer an einem Knabenpensionat in Schaffhausen.

Als Hilfsgutachter in Bern veröffentlichte Einstein 1905 seine drei epochemachenden Arbeiten

Es war für ihn aber Lebensrettung – dies Wort hat er selbst gebraucht - als der Ingenieur Friedrich Haller, Chef des Eidgenössischen Amtes für geistiges

Abb. 6: Einstein zur Zeit seiner Arbeit beim Eidgenössischen Patentamt

Quelle: Jugendbuch, 89

Eigentum (d.h. des Patentamtes), durch Einsteins Jugendfreund Marcel Groß-mann auf diesen aufmerksam gemacht, ihn als „Experten dritter Klasse" an seinem Amt anstellte. In diesem Stadium seines Lebens kam nun Einsteins Genialität zum Durchbruch; im Jahre 1905 veröffentlichte der 26-jährige Einstein, als Hilfsgutachter beim Schweizer Patentamt in Bern angestellt, drei grundlegende Arbeiten im Band 17 der „Annalen der Physik", deren jede geeignet war, seinem Verfasser unsterblichen Ruhm zu verschaffen: In der einen Arbeit gab er den abschließenden Beweis der **kinetischen Wärmetheorie,** in der Abhandlung „Über einen die Erzeugung und Verwandlung des Lichtes betreffenden heuristischen Gesichtspunkt" erklärte er den **lichtelektrischen Effekt** mit einer Weiterführung der Planckschen Quantentheorie, und in dem Artikel „Zur Elektrodynamik bewegter Körper" entwickelte er die **spezielle Relativitätstheorie.**

Dass Einstein mit der zuletzt genannten Arbeit 1906 bei der Universität Bern vergeblich um die Venia legendi (Lehrerlaubnis) nachsuchte, ist Tatsache; er erhielt sie aber kurz darauf für eine andere Habilitationsschrift.

Die Arbeiten von 1905 machten Einstein schnell berühmt. 1909 berief ihn die Universität Zürich auf das Extraordinariat für theoretische Physik, 1911 die Universität Prag auf das Ordinariat dieses Fachs, 1912 die Technische Hochschule Zürich in gleicher Eigenschaft und 1913 die Preußische Akademie der Wissenschaften auf die eine ihrer beiden hauptamtlichen Stellen, deren Inhaber sich ohne Lehr- oder Verwaltungspflichten rein der Forschung widmen konnten. Einstein hat im Hinblick auf seine früheren Erfahrungen in Deutschland zunächst geschwankt, ob er diesen Ruf annehmen solle, hat sich aber angesichts der großen wissenschaftlichen Vorteile schließlich dafür entschieden.

Höhepunkt in Einsteins Schaffen: Die allgemeine Relativitätstheorie

In der strengen Proportionalität von schwerer und träger Masse erkannte Einstein 1907, dass hier ein fundamentales Naturgesetz verborgen liegt, und baute darauf seine **allgemeine Relativitätstheorie** (1916) auf, die in den berühmten Einsteinschen Feldgleichungen der Gravitation gipfelt und als Näherung das Newtonsche Gravitationsgesetz enthält. In der Akademiesitzung am 11. Mai 1933 sagte Max Planck: *„Durch die Arbeiten Einsteins hat die physikalische Erkenntnis in unserem Jahrhundert eine Vertiefung erfahren, deren Bedeutung nur an den Leistungen Johannes Keplers und Isaac Newtons bemessen werden kann“.* Für seine quantentheoretischen Arbeiten erhielt Einstein 1922 den Nobelpreis für Physik.

Das Dritte Reich schlägt zu

Zwanzig Jahre, auch durch den 1. Weltkrieg kaum gestörter Forschung, verbrachte Einstein in Berlin. Es setzten in den politisch stürmischen Jahren nach 1918 viele, zum Teil heftige Angriffe gegen Einstein ein. Eine stark antisemitische „Gesellschaft der Einsteingegner“ kündigte einmal eine ganze Serie von Protestversammlungen gegen die Relativitätstheorie an.

Wie weit die Verirrungen gingen, zeigte das Vorwort zur Deutschen Physik von Philipp Lenard. Lenard, Nobelpreisträger und Ordinarius für Physik in Heidelberg, hat hier zwischen einer arischen und jüdischen Physik unterschieden, brandmarkte Einstein als einen dekadenten, jüdischen Geist und lehnte die spezielle Relativitätstheorie erbittert ab.

Allmählich gingen die Nationalsozialisten zu offener Gewalttat gegen Juden und Andersdenkende über. Ende 1932 verließ Einstein Deutschland in Voraussicht kommenden Unheils. Ende März 1933 erklärte er von Belgien aus

Geh. Rat Prof. Dr. Philipp Lenard, Heidelberg

Der Nobelpreisträger für Physik

zeigt Wege zum arteigenen Naturverstehen in seinem neuen Werke:

Deutsche Physik

in vier Bänden

(Über die Einteilung des Werkes s. die letzte Seite dieses Prospektes.)

Aus dem Vorwort.

Das Vorwort entstammt dem Kampf der Zeit,
Das Werk sucht Werte der Ewigkeit.

„Deutsche Physik?“ wird man fragen. — Ich hätte auch arische Physik oder Physik der nordisch gearteten Menschen sagen können, Physik der Wirklichkeits-Ergründer, der Wahrheit-Suchenden, Physik derjenigen, die Naturforschung begründet haben. — „Die Wissenschaft ist und bleibt international!“ wird man mir einwenden wollen. Dem liegt aber immer ein Irrtum zugrunde. In Wirklichkeit ist die Wissenschaft, wie alles was Menschen hervorbringen, rassisch, blutmäßig bedingt. Ein Anschein von Internationalität kann entstehen, wenn aus der Allgemeingültigkeit der Ergebnisse der Naturwissenschaft zu Unrecht auf allgemeinen Ursprung geschlossen wird oder wenn übersehen wird, daß die Völker verschiedener Länder, die Wissenschaft gleicher oder verwandter Art geliefert haben wie das deutsche Volk, dies nur deshalb und insofern konnten, weil sie ebenfalls vorwiegend nordischer Rassenmischung sind oder waren. Völker anderer Rassenmischung haben eine andere Art, Wissenschaft zu treiben.

Naturforschung allerdings hat kein Volk überhaupt je begonnen, ohne auf dem Nährboden schon vorhandener Errungenschaften von Ariern zu fußen. Vieles ist von den Fremden zunächst immer nur mitgemacht und nachgemacht worden; das Rasseneigentümliche gibt sich erst nach längerer Entwickelung zu erkennen. Man könnte an Hand der vorliegenden Literatur vielleicht bereits von einer Physik der Japaner reden; in der Vergangenheit gab es eine Physik der Araber. Von einer Physik der Neger ist noch nichts bekannt; dagegen hat sich sehr breit eine eigentümliche Physik der Juden entwickelt, die nur bisher wenig erkannt ist, weil man Literatur meist nach der Sprache einteilt, in der sie geschrieben ist. Juden sind überall, und wer heute noch die Behauptung von der Internationalität der Naturwissenschaft verficht, der meint wohl unbewußt die jüdische, die allerdings mit den Juden überall und überall gleich ist.

Es ist wichtig, die „Physik“ des jüdischen Volkes hier ein wenig zu betrachten, weil sie ein auffallendes Gegenstück zur deutschen Physik ist und diese bei Erkenntnis des Gegensatzes wohl für viele erst ins rechte Licht setzt. Wie alles Jüdische ist auch die jüdische Physik erst seit kurzem überhaupt einer unbefangenen öffentlichen Betrachtung zugänglich geworden. Sie hatte sich lange versteckt und zögernd entwickelt. Mit Kriegsende, als die Juden in Deutschland herrschend und tonangebend wurden, ist sie in ihrer ganzen Eigenart plötzlich überschwemmungsartig hervorgetreten. Sie hat dann alsbald auch unter vielen Autoren nichtjüdischen oder doch nicht rein jüdischen Blutes eifrige Vertreter gefunden. Um sie kurz zu charakterisieren, kann am gerechtesten und besten an die Tätigkeit ihres wohl hervorragendsten Vertreters, des wohl reinblütigen Juden A. Einstein, erinnert werden. Seine „Relativitäts-Theorien“ wollten die ganze Physik umgestalten und beherrschen; gegenüber der Wirklichkeit haben sie aber nun schon vollständig ausgespielt[1]). Sie wollten wohl auch gar nie wahr sein. Dem Juden fehlt auffallend das Verständnis für Wahrheit, für mehr als nur scheinbare Übereinstimmung mit der von Menschen-Denken unabhängig ablaufenden Wirklichkeit, im Gegensatz zum ebenso unbändigen als besorgnisvollen Wahrheitswillen der arischen Forscher.

Die jüdische „Physik“ ist somit nur ein Trugbild und eine Entartungserscheinung der grundlegenden arischen Physik. Es war nötig, dies hier ausdrücklich hervorzuheben; denn erst aus dem Klarwerden des Gegensatzes zwischen jüdischer und arischer Physik kann die verloren gegangene volle Würdigung der letzteren wieder erstehen. ...

Abb. 7:

Wieweit die ideologischen Verwüstungen im Dritten Reich gingen, zeigt das Vorwort zur „Deutschen Physik“ von Philipp Lenard, Ordinarius für Physik in Heidelberg.

Quelle: Sugimoto

Auch Einsteins Bücher fielen der Bücherverbrennung am 10. Mai 1933 zum Opfer.

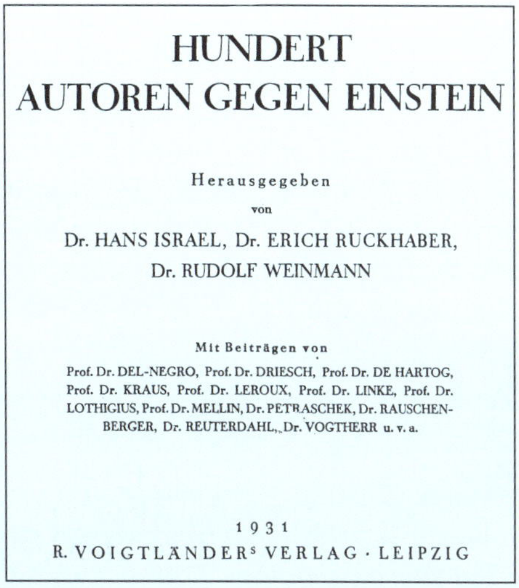

HUNDERT
AUTOREN GEGEN EINSTEIN

Herausgegeben
von
Dr. HANS ISRAEL, Dr. ERICH RUCKHABER,
Dr. RUDOLF WEINMANN

Mit Beiträgen von
Prof. Dr. DEL-NEGRO, Prof. Dr. DRIESCH, Prof. Dr. DE HARTOG, Prof. Dr. KRAUS, Prof. Dr. LEROUX, Prof. Dr. LINKE, Prof. Dr. LOTHIGIUS, Prof. Dr. MELLIN, Dr. PETRASCHEK, Dr. RAUSCHENBERGER, Dr. REUTERDAHL, Dr. VOGTHERR u. v. a.

1931
R. VOIGTLÄNDER's VERLAG · LEIPZIG

Abb. 8: Hetzkampagne gegen Albert Einstein im Dritten Reich. Quelle: Sugimoto

Abb. 9: Nach der Vertreibung aus Deutschland durch die Nationalsozialisten hielt sich Einstein im Sommer 1933 abwechselnd in Belgien und England auf, um dort seine Vorlesungsverpflichtungen zu erfüllen. Hier ein Treffen mit Winston Churchill. In dessen Gästebuch trug Einstein in der Spalte „Anschrift" ein: „ohne". Quelle: Sugimoto

seinen Austritt aus der Preußischen Akademie. Er kam damit dem von der Nationalsozialistischen Partei zum 1. April, dem Tage des Judenboykotts, geplanten Ausschluss zuvor. Bald darauf setzte die Hitlerregierung nach Konfiskation seines Vermögens und seines Hauses sogar einen Preis von 50 000 Reichsmark auf seinen Kopf aus. Einstein ging nach England und von da nach Amerika, wo er am **Institute for Advanced Study in Princeton** (New Jersey) eine der Berliner gleichartige Stellung ohne Lehrverpflichtung fand. Dort hat er den Rest seines Lebens verbracht, den Boden Europas hat er nie mehr betreten. Hier ist er am 18. April 1955 gestorben.

Der Brief an Roosevelt

Hatte Einstein früher Wert darauf gelegt, in seinem Denken und Fühlen Weltbürger zu sein, so hämmerten ihm jetzt die Schicksalsschläge der Juden in Europa eine innere Zugehörigkeit zum Judentum ein. Seit der Gründung des Staates Israel hatte Einstein mit diesem sympathisiert. Jetzt setzte er seine volle Autorität für ihn ein und half, wo er irgend konnte. So wirkte er z.B. mit bei der Geldsammlung zur Errichtung der Universität Jerusalem. Darüber hinaus sah er auf der ganzen Erde die Freiheit, dies höchste menschliche Gut, bedroht. Schmerzlich beklagte er, dass in Deutschland nur die beiden christlichen Kirchen den Kampf gegen Hitler aufgenommen hatten, nicht aber die wissenschaftlichen Organisationen, auf die er dabei gerechnet hatte. Allmählich machte Einstein, der Pazifist, sich auch die Grenzen seines Pazifismus klar, der auf ethischen Voraussetzungen beruht. Gegen das schlechthin Böse muss man notfalls zur Waffe greifen, auch zur schärfsten. Und so unterzeichnete Einstein am 2. August 1939 jenen historischen, von Leo Szilard aufgesetzten Brief an Präsident Roosevelt, welcher die amerikanische Regierung aufrief, auf der Hut zu sein und die zur Konstruktion der Atombombe notwendigen Maßnahmen in Gang zu setzen, bevor dies anderwärts geschehe. Das war der Auftakt zu den bekannten physikalischen und technischen Arbeiten an dieser Bombe. Einstein hat an diesen Arbeiten nicht selbst teilgenommen, hat dann 1945 ihre Anwendung gegen Japan beklagt, wie auch andere amerikanische Physiker.

Grundsätzliche Ideen und Prinzipien spielten bei Einstein eine große Rolle

Einstein hat sich bei seinen Arbeiten von **grundsätzlichen Prinzipien** leiten und inspirieren lassen. Für Einstein war die Welt **das Werk eines schöpferischen Geistes,** der trotz seiner erhabenen Überlegenheit dennoch den

Menschen verständlich bleibt, und zwar im Grundsatz vollständig verständlich, wenngleich sich dies Verständnis nur allmählich, in vielen Mühen und schrittweise dem Sterblichen enthüllt, ja ihm restlos nie zuteil wird. Deswegen muss nach Einstein das System einer Wissenschaft, welche der Erforschung der Natur dient, ein einheitliches Ganzes sein. Widersprüche in ihm, selbst das Fehlen innerer Zusammenhänge zwischen seinen Teilen, seien Zeichen unvollkommenen Verständnisses. **Darum war der Zug zur Vereinheitlichung des Systems der Physik eine viel wesentlichere Triebfeder für Einsteins Forschung als das Streben nach Auffindung neuer Tatsachen.** Einstein hat in der speziellen Relativitätstheorie ein **universales Invarianzgesetz** gefunden. Durch die Gleichung $E = m\ c^2$ hat Einstein die beiden früher getrennten Erhaltungssätze von Masse und Energie zu einem **einzigen Erhaltungssatz vereinheitlicht.** Er hat in der allgemeinen Relativitätstheorie eine weitere Vereinheitlichung der Naturbeschreibung erreicht, denn seine Feldgleichungen der Gravitation enthalten außer den Gesetzen der Schwerkraft auch die gesamte Mechanik. Dass er dabei neue physikalische Effekte voraussagen konnte, wie zum Beispiel die Trägheit der Energie und die Lichtablenkung an der Sonne, was hinterher die Beobachtung glänzend bestätigte, das nahm er selbstverständlich als wertvolle Früchte des von ihm gepflanzten Baumes gern in Empfang. Das Wichtigste jedoch daran war ihm, dass sie die Richtigkeit seiner **vereinheitlichenden** Theorie bestätigten. Was immer ihm aber gelang, fasste er nicht als eigenes Verdienst auf, sondern als eine Gnadengabe von oben. Als Einstein die Copley-Medaille erhielt, sagte er vor der Royal Society: *„Wer einen Gedanken findet, der uns auch nur ein wenig tiefer in das ewige Geheimnis der Natur blicken lässt, dem ist eine große Gnade zuteil geworden“.*

Einstein im Gespräch

Einstein war nicht nur ein berühmter Wissenschaftler, sondern er beantwortete auch geduldig eine Unzahl von Briefen, die er aus allen Schichten der Bevölkerung erhielt. Seine Antworten – oft nur ein paar Zeilen – spiegeln die Erfahrung eines reichen Lebens wider und geben unmittelbar Einblick in seine Persönlichkeitsstruktur und Denkweise (Quelle: „Albert Einstein – Briefe“, Diogenes Verlag, Zürich 1981).

Im Sommer 1909, Einstein arbeitete noch am Patentamt in Bern, verlieh die Universität Genf über hundert Ehrendoktorate zur Feier des 350. Jahrestages ihrer Gründung durch J. Calvin (1509 – 1564). Auch Einstein sollte ausgezeichnet werden:

- *„Eines Tages erhielt ich im Berner Patentamt ein großes Couvert, aus dem ein nobles Papier herauskam, auf dem in pittoreskem Druck etwas stand,* *das mich unpersönlich und wenig interessant anmutete und sofort in den amtlichen Papierkorb flog. Später erfuhr ich, dass dies eine Einladung zur Calvinfeier war nebst Ankündigung, dass ich an der Genfer Universität den Ehrendoktor bekommen sollte. Die Leute dort interpretierten offenbar mein Schweigen richtig und wandten sich an meinen Freund und Schüler, den Genfer Chavan, der in Bern lebte. Dieser überredete mich, nach Genf zu kommen, weil dies praktisch unvermeidlich wäre, ohne weitere Erklärung.*

So fuhr ich am angesagten Tag ab und traf abends einige Züricher Professoren im Restaurant des Gasthofes, wo wir wohnten ... Jeder von ihnen erzählte nun, in welcher Eigenschaft er da war. Als ich schwieg, erging die Frage an mich, und ich musste gestehen, dass ich keine blasse Ahnung habe. Die andern wussten aber Bescheid und weihten mich ein. Am nächsten Tag sollte ich im Festzug marschieren und hatte nur Stohhut und Straßenanzug bei mir. Mein Vorschlag, mich davor zu drücken, wurde mit Entschiedenheit abgelehnt, und diese Feier verlief entsprechend drollig, was meine Mitwirkung anlangte."

- *„Unbehaglich macht mich stets das Wörtchen „wir"*
Denn man ist nicht eins mit einem andern Tier.
Hinter allem Einverständnis steckt
Stets ein Abgrund, der noch zugedeckt".

- *„Zwei Dinge sind unendlich: das Universum und die menschliche Dummheit. Aber bei dem Universum bin ich mir noch nicht ganz sicher."*

- *„Man ist in eine Büffelherde geboren und muss froh sein, wenn man nicht vorzeitig zertrampelt wird."*

- *„Am Objektiven gemessen ist es unsäglich wenig, was der Mensch durch heißes Bemühen der Wahrheit abringt. Aber das Streben befreit uns aus den Fesseln des Ichs und macht uns zu Genossen der Besten."*

- *„Alles wirklich Wertvolle kommt nicht aus dem Ehrgeiz oder aus dem Pflichtgefühl, sondern aus der Liebe und Devotion gegenüber Menschen oder objektiven Dingen."*

- *„Wo die Welt aufhört, Schauplatz des persönlichen Hoffens, Wünschens und Wollens zu sein, wo wir uns ihr als freie Geschöpfe bewundernd, fragend, schauend gegenüberstellen, da treten wir ins Reich der Kunst und Wissenschaft ein. Wird das Geschaute und Erlebte in der Sprache der Logik nachgebildet, so treiben wir Wissenschaft, wird es durch Formen vermittelt, deren Zusammenhänge dem bewussten Denken unzugänglich, doch intuitiv* *als sinnvoll erkannt sind, so treiben wir Kunst. Beiden gemeinsam ist die liebende Hingabe an das Überpersönliche, Willensferne.“*

- *„Ich habe nie der Natur eine Absicht oder einen Zweck zugeschrieben, überhaupt nichts anthropomorphisch zu Deutendes. Was ich in der Natur sehe, ist eine großartige Struktur, die wir nur sehr unvollkommen zu erfassen vermögen und die einen vernünftigen Menschen mit einem Gefühl von „Humility“ erfüllen muss. Dies ist ein echt religiöses Gefühl, das nichts mit Mystizismus zu schaffen hat.“*

Einstein sagte in seiner allgemeinen Relativitätstheorie die gravitationsbedingte Beugung der Lichtstrahlen voraus, die durch britische Wissenschaftler, besonders Arthur Eddington, während einer Sonnenfinsternis 1919 bestätigt wurde. Durch diese offizielle Bestätigung wurde Einstein über Nacht weltweit berühmt.

- *„Alles was irgendwie mit Personenkultus zu tun hat, ist mir immer peinlich gewesen.“*

- *„Ich bin nicht schuld, wenn Laien eine so übertriebene Vorstellung von der Bedeutung meiner Bemühungen erhalten. Dies kommt vielmehr von den Popularisatoren und ganz besonders von den Zeitungskorrespondenten her, die alles nach Möglichkeit in einem sensationellen Lichte darstellen.“*

Die folgenden Verse schrieb Einstein 1927:

- *„Wo ich geh und wo ich steh*
  Stets ein Bild von mir ich seh,
  Auf dem Schreibtisch, an der Wand
  Um den Hals am schwarzen Band.

  Männlein, Weiblein wundersam
  Holen sich ein Autogramm,
  Jeder muss ein Kritzel haben
  Von dem hochgelehrten Knaben.

  Manchmal frag in all dem Glück
  Ich im lichten Augenblick:
  Bist verrückt du etwa selber
  Oder sind die andern Kälber?“

Wir wollen uns jetzt den Fragen zuwenden: Welchen bleibenden kulturellen Beitrag hat die Naturwissenschaft geleistet? Und wie ist die spezielle Relativitätstheorie in das gesamte Theoriengebäude der Physik einzuordnen?

Magie und Zauberei bestimmten die Welt des archaischen Menschen

Naturwissenschaft beginnt mit der **Überwindung der magisch-animistischen Erlebnisweise.** Früher lebte der Mensch in einer Welt von **Magie** und **Zauberei,** die Naturgewalten dachte der primitive Mensch gleich sich selbst als **beseelt** und schied sie in freundlich und feindlich gesinnte. Der Donner war die Stimme eines zornigen Gottes und der Blitz sein strafendes Wurfgeschoss. In diesem Fluss wohnte der große Geist, jene Gebirgshöhle war die Wohnung eines mächtigen Dämons. Stimmen sprachen aus Steinen, Pflanzen und Tieren zu dem archaischen Menschen. Mit den Mitteln der Magie versuchte er die Naturvorgänge zu seinen Gunsten zu beeinflussen. Der Primitive erzeugte z. B. den Regen auf magische Weise, indem er ihn einfach imitierte. Er dachte, wenn er will, dass es regne, so brauche er nur etwas zu tun, was wie Regen aussieht oder an Regen erinnert. Die Fruchtbarkeit des Bodens sicherte man sich auf magische Weise, indem der Bauer und die Bäuerin zur Zeit der Reisblüte sich nachts auf das Feld begaben und miteinander schliefen. Durch dieses Beispiel meinten sie, den Reis zur Fruchtbarkeit anzuregen.

Es ist kennzeichnend für den archaischen Menschen, dass seine unbewussten Seeleninhalte und Wünsche völlig in die Objekte der Außenwelt hineinprojiziert waren, d. h. er lebte in einer **Identität mit der Umwelt** (Abb. 10 und 11). Solange dieses magisch-animistische Denken vorherrschte, konnte der Mensch nicht zu einer Wissenschaft kommen.

Wissenschaftliches Denken beginnt mit der Trennung von Außenwelt und Innenwelt

Erst als der Mensch anfing, seine Projektionen aus der Natur zurückzunehmen und sich auf den bescheidenen Posten des aufmerksamen Beobachters zurückzog, begann die eigentliche Naturwissenschaft. Wissenschaftliche Denkweise beginnt mit einer **Trennung von Außenwelt und Innenwelt.** Damit verschwanden die Hexen und Dämonen aus der Natur, die Natur wurde ent-zaubert und Gegenstand nüchterner, wissenschaftlicher Erforschung.

Ursache und Wirkung

Mit der Annahme einer selbständigen, objektiven Außenwelt taucht die Frage nach **Ursache** und **Wirkung,** also nach der **Kausalität,** auf. Der Natur-

Abb. 10:

Ein Zauberer aus Kamerun, der eine Löwenmaske trägt. Er gibt nicht vor, einen Löwen nachzuahmen, sondern er hält sich wirklich für einen Löwen; er ist mit dem Tier „psychisch identisch“.

Quelle: C. G. Jung,
Der Mensch und seine Symbole

Abb. 11:

Ein Zulu-Zauberer „heilt“ einen Patienten, indem er ihm durch ein Kuhhorn ins Ohr bläst, um die bösen Geister auszutreiben.

Quelle: C. G. Jung,
Der Mensch und seine Symbole

wissenschaftler ordnet die physikalischen Ereignisse unter dem Gesichtspunkt von Ursache und Wirkung.

Die gesamte Technik beruht auf dem Zusammenhang von Ursache und Wirkung, denn bei allen technischen Einrichtungen handelt es sich darum, durch Herstellung bestimmter Ursachen die gewünschten Wirkungen hervorzubringen.

Wenn man z.B. einen Lichtschalter betätigt, so ist dies die Ursache für das Schließen eines Stromkreises und dies wiederum die Ursache für das Aufleuchten der Glühlampe. Sollte das Aufleuchten der Glühlampe einmal ausbleiben, so wird kein Physiker daraus schließen, dass der Kausalzusammenhang zu existieren aufgehört hat, sondern er wird einen Fehler in der Anlage vermuten, den er mit der nötigen Sachkenntnis beseitigen kann, so dass der gewohnte Zustand dann wiederhergestellt ist.

Allerdings braucht die Ursache keineswegs immer vor der Wirkung zu liegen: Weil die Erde einen Stein anzieht, wird er beschleunigt; die anziehende Kraft K ist die Ursache der Beschleunigung b. Hier folgt aber die Wirkung keineswegs zeitlich auf die Ursache, sondern Ursache und Wirkung spielen sich genau gleichzeitig ab: Die Beschleunigung erfolgt lediglich so lange, wie die Kraft wirkt.

In manchen Fällen ist es gar nicht möglich zu unterscheiden, was als Ursache und was als Wirkung betrachtet werden soll: So kann man bei einem Kondensator nicht sagen, ob die Ladung die Ursache des elektrischen Feldes oder das Feld die Ursache der Ladung ist. Allgemein versteht man daher in der Physik unter Kausalität lediglich die **Existenz eines eindeutigen funktionalen Zusammenhanges zwischen verschiedenen physikalischen Größen eines Systems.**

Achtung vor den Tatsachen

Die Physik ist eine **Erfahrungswissenschaft,** die letzte Entscheidung über die Richtigkeit einer physikalischen Aussage kann nur das **Experiment,** also die Naturbeobachtung, liefern. Dabei muss jede physikalische Messung **reproduzierbar** sein, d.h. ihr Ergebnis darf nicht abhängen von der Individualität des Messenden, auch nicht vom Ort und von der Zeit der Messung. Mag der Physiker noch so sehr in eine Theorie vernarrt sein, wenn das Experiment NEIN sagt, dann muss er diese fallen lassen. Diese Achtung vor den Tatsachen, diese demütige Unterordnung den empirischen Fakten gegenüber, zeichnet jeden Naturwissenschaftler aus. Damit rückt das Ich des Naturwissenschaftlers aus dem Zentrum auf einen ganz bescheidenen Platz.

Wechselspiel Theorie-Experiment

Natürlich braucht der Physiker auch eine gehörige Portion an **schöpferischer Phantasie.** Denn eine leistungsfähige **Hypothese** fällt nicht vom Himmel, sondern geht zurück auf die glückliche **Kombination zweier verschiedenartiger Erlebnisvorstellungen.** Das lässt sich in vielen Fällen historisch nachweisen: Bei **Archimedes,** der den Gewichtsverlust seines eigenen Körpers im Wasser kombinierte mit dem Gewichtsverlust der ins Wasser getauchten goldenen Krone des Tyrannen von Syrakus, bei **Isaac Newton,** der den Fall eines Apfels vom Baum kombinierte mit der Bewegung des Mondes gegen die Erde, bei **Albert Einstein,** der den Zustand eines gravitierenden Körpers in einem ruhenden Kasten kombinierte mit dem Zustand eines gravitationsfreien Körpers in einem nach oben hin beschleunigten Kasten oder bei **Niels Bohr,** der den Kreislauf eines Elektrons um den Atomkern kombinierte mit dem Umlauf eines Planeten um die Sonne.

Die Brauchbarkeit einer Hypothese wird dann geprüft, indem der Physiker aus ihr Konsequenzen ableitet. Das geschieht durch rein logisches, der Hauptsache nach **mathematisches Verfahren,** welches die Hypothese als Ausgangspunkt benützt und daraus eine möglichst vollständige **Theorie** entwickelt. Die speziellen Aussagen der Theorie müssen dann durch Messungen sorgfältig überprüft werden. Sagen die Messungen NEIN zu den theoretischen Voraussagen, so muss die Hypothese verworfen und eine neue Hypothese aufgestellt werden, die zu einer anderen Theorie führt, welche die Mängel der alten verbessert und korrigiert. Diese wird dann erneut dem **Experiment** unterworfen usw. So vollzieht sich in dauerndem **Wechselspiel zwischen Theorie und Experiment** die Entwicklung der physikalischen Erkenntnis über die reale Außenwelt.

Präzision der Sprache

Die Durchsichtigkeit der Begriffswelt einer ausgereiften physikalischen Theorie erfordert eine weitgehende **Präzisierung der Sprache.** Man denke an den Kraftbegriff. Seine umfassende umgangssprachliche Bedeutung wird in der Newtonschen Mechanik enorm eingeengt und erst dadurch für die mathematische Formulierung brauchbar.

Ein bildhafter Vergleich: Das Gewebe naturwissenschaftlicher Begrifflichkeit besteht aus den vielen kleinen, aber festen Maschen des logischen Schließens und Experimentierens. Seine Webart ist dicht, reißfest und haltbar, häufig etwas farblos und fühlt sich kühl an. **Ganz anders** die Textur des begrifflichen Gewandes der **Geisteswissenschaft:** Es ist phantasievoll und farbig, häufig elegant, es besteht aus flexiblen, weiten Maschen in immer wieder anderen Mustern, es kann bloßlegen aber auch verschleiern, manchmal fällt es in wolkig wallende Falten; es kann faszinieren und verführen und regt das Gefühl an. Man denke nur an Begriffe wie Geist, Seele, Schicksal, Hoffnung, Liebe, Sinn, Gott. Über jedes dieser Worte sind Bücher geschrieben worden, ohne die Bedeutung der Worte ganz auszuschöpfen. Diese Begriffe leben von einer **Aura begleitender Assoziationen und Phantasien** und von dem, was nicht ins Wort gehoben werden kann. Übermäßige Präzisierung würde hier eher zu Sinnentleerung und Trivialisierung führen.

Physik als geistige Gemeinschaftsleistung

Es ist ein charakteristisches Merkmal der Physik, dass ihre Erkenntnisse **allgemein, objektiv,** für alle Zeiten und Völker **verbindlich** sind; ihre Resultate beanspruchen Anerkennung und setzen sich schließlich auch immer durch. Daher kann sich ein deutscher Physiker ohne Schwierigkeiten mit einem indischen oder chinesischen verständigen. Die Ergebnisse der Physik sind eine **internationale** geistige Gemeinschaftsleistung. Daher wirken Versuche, die Physik zu nationalisieren und zu ideologisieren immer peinlich und lächerlich. Da die Naturwissenschaft die objektiven, subjektunabhängigen Strukturen der Umwelt untersucht, kommen in ihr **keine** ethischen Wertungen vor: sie betrachtet das **So-sein** der Dinge, nicht das **Sein-sollen.**

Was heißt Fortschritt in der theoretischen Physik?

In der Naturwissenschaft gibt es für einen Wirklichkeitsbereich schließlich die **eindeutig richtige** Theorie, während alle anderen Erklärungsvorschläge versagen. Kein Physiker kommt z.B. auf den Gedanken, zur Beschreibung der Bahnen der Himmelskörper eine Alternative zur Newtonschen Mechanik vorzuschlagen. Weil in der Naturwissenschaft sich Richtiges vom Falschen scharf trennen lässt, gilt für ihre Entwicklung das **Inklusionsprinzip:** Eine tiefere oder einen größeren Wirklichkeitsbereich umfassende Theorie muss in den Teilbereichen - wo sich eine vorausgehende Theorie bereits als richtig erwiesen hat - die letztere als Spezialfall mit einschließen.

Beispiel: Die Quantenmechanik enthält als Spezialfall die klassische Newtonsche Mechanik für Vorgänge, bei denen die Plancksche Konstante h vernachlässigt werden kann ($h \to 0$) oder: Die spezielle Relativitätstheorie geht in die klassische Mechanik über, wenn die auftretenden Geschwindigkeiten v klein gegenüber der Lichtgeschwindigkeit c sind ($\frac{v^2}{c^2} \to 0$). Daher lässt sich in der Physik auch klar definieren, was **„Fortschritt“** heißt: Entwicklung einer umfassenderen Theorie, die sowohl Neues erklärt als auch die bereits bewährten Teiltheorien als Spezialfälle mitumfasst. Das gesamte widerspruchsfreie Theoriengebäude macht dann das **naturwissenschaftliche Weltbild** aus.

Einordnung der speziellen Relativitätstheorie in das Theoriengebäude der Physik

Nach Werner Heisenberg gibt es in der Physik **vier** große Systeme = Theorien, die als **abgeschlossen** zu betrachten sind (Abb. 12). Jedes dieser Systeme verfügt über eine präzis formulierte, in sich widerspruchsfreie Axiomatik, die zugleich mit den Begriffen auch die gesetzmäßigen Beziehungen innerhalb des Systems festlegt. Wie Abb. 12 zeigt, gehört die spezielle Relativitätstheorie zu dem System III: Dieses ist aus den elektrischen und magnetischen Erscheinungen abgeleitet worden und hat seine endgültige Form im ersten Jahrzehnt des 20. Jahrhunderts durch die Arbeiten von **Lorentz, Einstein** und **Minkowski** erhalten. Es umfasst die Elektrodynamik, Optik und spezielle Relativitätstheorie.

Zu den offenen Theorien, wo noch keine abgeschlossene Darstellungsform gefunden ist, zählt Heisenberg die Kernphysik, Elementarteilchenphysik und die allgemeine Relativitätstheorie.

Abb. 12: Das abgeschlossene Theoriengebäude der Physik

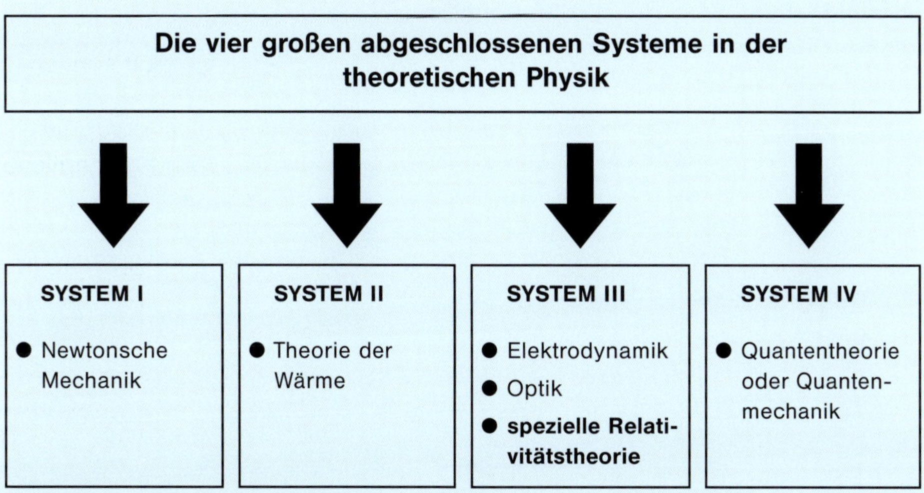

Quelle: Heisenberg, Physik und Philosophie

Das Ergebnis des Michelson-Morley Experimentes

Seit Olaf Römer (1644 – 1710) wusste man, dass sich das Licht mit endlicher Geschwindigkeit - knapp *300 000 km/sec* - durch den Raum bewegt. Um 1800 hatten der Engländer Thomas Young (1773 – 1829) und der Franzose Augustin Jean Fresnel (1788 – 1827) die Wellennatur des Lichtes nachgewiesen. Seit Etienne Louis Malus (1775 – 1812) war bekannt, dass Lichtwellen sich wie Transversalwellen verhalten und seit James Clerk Maxwell (1831 – 1879) kannte man das Licht als **elektromagnetische Welle.** Als Träger dieser Wellen nahm man einen hypothetischen Stoff, den sog. **Weltäther,** an.
Das **Michelson-Morley Experiment** sollte die Frage entscheiden, ob es diesen Weltäther (=hypothetische Substanz, in der sich die Lichtwellen als elastische Transversalwellen ausbreiten sollten) überhaupt gibt. Da die Erde mit einer Geschwindigkeit von $v = 30$ *km/sec* um die Sonne kreist, hat man in ihr ein Koordinatensystem, das sich mit einer beachtlichen Geschwindigkeit durch das Äthermeer bewegen sollte. Trifft die Annahme eines ruhenden Weltäthers zu, dann müsste sich eine Richtungsabhängigkeit der Lichtgeschwindigkeit auf der Erde nachweisen lassen: Fällt z. B. die Richtung des Lichtsignals mit der Richtung der Erdbewegung zusammen ($\varphi = 0°$), sollte die Relativgeschwindigkeit $c - v$ sein, bei entgegengesetzter Richtung ($\varphi = 180°$) sollte $c + v$ gemessen werden.
Der Interferenzversuch von Michelson stellte in seiner Präzision einen Höhepunkt der Experimentierkunst in der klassischen Physik dar. Die Richtungsabhängigkeit der Lichtgeschwindigkeit hätte sich bei den historisch gegebenen Abmessungen des Apparates in einer Verschiebung der Interferenzstreifen um mindestens *40 %* des Streifenabstandes niederschlagen müssen. **Kein solcher Effekt** war festzustellen. Spätere Wiederholungen mit noch größerer Genauigkeit zeigten das gleiche negative Ergebnis (Abb. 13).

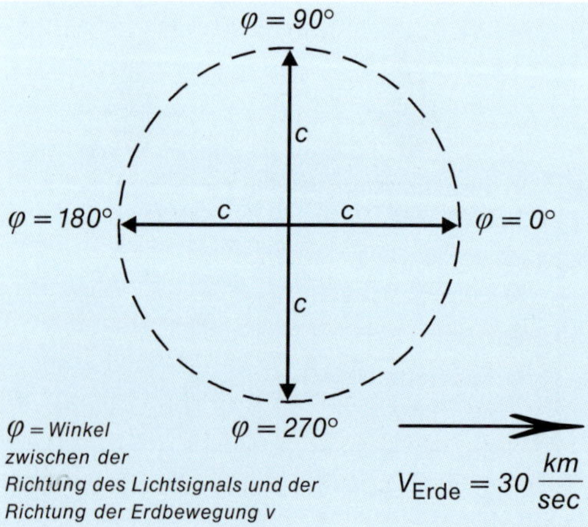

Abb. 13:
Ergebnis des Michelson-Versuches: Keine Richtungsabhängigkeit der Lichtgeschwindigkeit, sie ist in allen Richtungen = c. Ein sog. „Weltäther" ist nicht nachweisbar.

$\varphi = 0°$: $c = 300\,000 \frac{km}{sec}$

$\varphi = 90°$: $c = 300\,000 \frac{km}{sec}$

$\varphi = 180°$: $c = 300\,000 \frac{km}{sec}$

$\varphi = 270°$: $c = 300\,000 \frac{km}{sec}$

Quelle: Pohl, Elektrizitätslehre

Der Michelson-Versuch wurde 1887 durchgeführt und erst 1905 konnte A. Einstein nach Vorarbeiten von H. A. Lorentz eine konsistente und umfassende Deutung vorlegen. Dazu musste Einstein die bis dahin gültigen Raum- und Zeitvorstellungen grundlegend revidieren. Die Vorstellung eines Weltäthers wurde ganz fallen gelassen. Insbesondere konnte Einstein zeigen, dass Angaben über Längen- und Zeitintervalle sowie über Massen **keinen absoluten Sinn** haben. Erst durch Angabe des **Bezugssystems** gewinnen sie physikalischen Inhalt. Dies soll jetzt näher betrachtet werden.

Das Einsteinsche Additionsgesetz der Geschwindigkeiten

Das Ergebnis des Michelson-Morley Versuchs ist natürlich mit der einfachen Additionsregel der Geschwindigkeiten $v' = v_1 + v_2$ **nicht** vereinbar. In der Tat gehörte es zu Einsteins ersten Resultaten zu zeigen, wie das richtige Additionsgesetz der Geschwindigkeiten aussehen muss. Er fand:

$$v' = \frac{v_1 + v_2}{1 + \frac{v_1 \cdot v_2}{c^2}}$$

Dabei bedeuten $c = 300\,000\ km/sec$ die Lichtgeschwindigkeit, v_1 und v_2 die Geschwindigkeiten der beiden Körper und v' ihre Relativgeschwindigkeit. Man sieht: Für kleine Geschwindigkeiten ist $\frac{v_1 \cdot v_2}{c^2} \approx 0$ und wir erhalten die einfache Newtonsche Additionsregel $v' = v_1 + v_2$.

Beispiel: Zwei Raumschiffe fahren mit je halber Lichtgeschwindigkeit (1/2 c) aufeinander zu. Wie groß ist nach Einstein ihre Relativgeschwindigkeit?

$$v' = \frac{1/2\ c + 1/2\ c}{1 + c^2/4c^2} = \mathbf{\frac{4}{5}\ c}$$

Die Relativgeschwindigkeit beträgt also nicht c, sondern nur $\frac{4}{5}$ c = 80 % der Lichtgeschwindigkeit. Salopp gesagt: Im Bereich hoher Geschwindigkeiten ist "1/2 + 1/2 nicht 1, sondern 4/5".

Beispiel: Zeige, dass aus dem Einsteinschen Additionsgesetz für $v_1 = c$ stets $v' = c$ folgt, wie groß auch immer man v_2 wählen mag.

$$v' = \frac{c + v_2}{1 + \frac{c \cdot v_2}{c^2}} = \frac{c^2\ (c + v_2)}{c\ (c + v_2)} = \mathbf{c}$$

Wie auch immer sich der Beobachter gegen den Lichtstrahl bewegen mag, er misst immer die Relativgeschwindigkeit *c*. Damit ergibt sich, dass die Lichtgeschwindigkeit *c* eine nicht übersteigbare Grenzgeschwindigkeit darstellt.

Zunahme der Masse eines Teilchens mit wachsender Geschwindigkeit

Im Rahmen seiner speziellen Relativitätstheorie konnte Einstein zeigen, dass die Masse *m* eines Teilchens mit seiner Geschwindigkeit *v* nach der Formel

$$m = \frac{m_0}{\sqrt{1 - \frac{v^2}{c^2}}}$$

zunimmt. Experimente an den großen Teilchenbeschleunigern haben diese Formel sehr genau bestätigt. Man sieht vor allem: Die Lichtgeschwindigkeit *c* kann kein Körper erreichen, denn dann würde seine Masse unendlich werden. Und: Im Alltagsleben sind die Geschwindigkeiten meist sehr klein gegenüber der Lichtgeschwindigkeit, d h. $v^2/c^2 \approx 0$, also $m \approx m_o$, die Masse der Körper verändert sich hier praktisch nicht.

Beispiel: Ein Elektron wird von Radium C mit 99 % der Lichtgeschwindigkeit ausgeschleudert. Wie groß ist die Masse des ausgeschleuderten Elektrons?

Die Ruhmasse des Elektrons sei m_0 und $v = 0{,}99\ c$.

Werte eingesetzt:

$$m = \frac{m_0}{\sqrt{1 - \frac{0{,}9801}{1}}} = \frac{m_0}{\sqrt{0{,}0199}} = \mathbf{7{,}1\ m_0}$$

Die Masse des ausgeschleuderten Elektrons ist 7,1 mal so groß wie seine Ruhmasse.

Beispiel: Bei welcher Geschwindigkeit haben Elektronen die gleiche Masse wie Protonen?

Das Massenverhältnis Proton : Elektron ist 1836.

$$1836\ m_e = \frac{m_e}{\sqrt{1 - \frac{v^2}{c^2}}} \rightarrow v = \sqrt{\frac{3\,370\,895}{3\,370\,896}} \cdot c$$

$$\approx \mathbf{0{,}999\ 99985\ c}$$

Elektronen, die sich mit 99,999985% der Lichtgeschwindigkeit bewegen, haben die gleiche Masse wie Protonen. Um diese relativistischen „Elektronen mit Protonenmasse“ auf Kreisbahnen zu zwingen, benötigen große Elektronenbeschleuniger entsprechend starke Magnetfelder.

Die Äquivalenz von Masse und Energie

Zurück zur Formel

$$m = \frac{m_0}{\sqrt{1 - \frac{v^2}{c^2}}} \quad | \cdot c^2$$

Wir multiplizieren beide Seiten mit c^2 und entwickeln nach der binomischen Reihe gemäß der Formel $(1 + x)^n = 1 + nx + \frac{1}{2} n (n - 1) x^2 + \ldots\ldots\ldots\ldots$

Für $n = -\frac{1}{2}$ und $x = -\frac{v^2}{c^2}$ ergibt sich:

$$m\, c^2 = m_0\, c^2 \left(1 - \frac{v^2}{c^2}\right)^{-\frac{1}{2}} = m_0\, c^2 + \frac{1}{2}\, m_0\, v^2 + \frac{3}{8}\, m_0\, \frac{v^4}{c^2} + \ldots\ldots\ldots\ldots$$

Das zweite Glied $\frac{1}{2}\, m_0 v^2$ ergibt also die gewöhnliche kinetische Energie der klassischen Physik für $v \ll c$.

Was aber bedeutet das erste konstante Glied $m_0\, c^2$?
Einstein erkannte in ihm eines der **fundamentalsten Grundgesetze** der Physik: ist $v = 0$, so kommt der Masse die Energie $m_0\, c^2$ zu, es soll also die träge Masse m_0 einer Energie $E = m_0\, c^2$ äquivalent sein. Dies ist das berühmte Gesetz der **Äquivalenz von Masse und Energie.** Und: Erfolgt in einem System eine Energieänderung vom Betrage ΔE, so ist mit ihr eine Massenänderung $\Delta m = \frac{\Delta E}{c^2}$ verbunden.

Bei allen **chemischen** Reaktionen, die sich in den **Atomhüllen** abspielen, wird Energie frei oder gebunden. Die Reaktionsenergien sind hier von der Größenordnung bis etwa 100 kcal je Mol. Die damit verbundenen Massenänderungen sind **nicht** messbar.

Beispiel: Bei der Verbrennung von 12 g (= 1 Mol) Kohlenstoff mit 32 g Sauerstoff entstehen 44 g Kohlendioxid und 94,5 kcal.
Nach dem Äquivalenzgesetz verliert das System die Masse

$$\Delta m = \frac{\Delta E}{c^2} = \frac{94{,}5 \text{ kcal}}{c^2} = \frac{94{,}5 \cdot 4{,}19 \cdot 10^3 \text{ kg} \frac{m^2}{sec^2}}{9 \cdot 10^{16} \frac{m^2}{sec^2}} = \mathbf{44 \cdot 10^{-10}\ g}$$

$$1\ \text{kcal} = 4{,}19 \cdot 10^3\ \text{Joule und } 1\ \text{Joule} = 1\ \text{Nm} = 1\ \text{kg}\ \frac{\text{m}^2}{\text{sec}^2}$$

Es entstehen nach Einstein also nicht 44 g CO_2, sondern (44 – 0,000 000 0044) g CO_2, d.h. der Verlust an Masse ist so gering, dass er durch Wägung auf einer noch so empfindlichen Waage **nicht** gemessen werden kann.

Bei der Kernspaltung und Kernfusion – wo also die **Atomkerne** selbst betroffen sind - sind die frei werdenden Energien millionenfach größer als bei chemischen Reaktionen, so dass die entsprechenden Massendefekte, z. B. mit einem Massenspektrometer, messbar sind.

Beispiel: In der Elementarteilchenphysik ist es oft üblich, nicht die Ruhmasse eines Teilchens in kg, sondern seine **Ruhenergie in MeV** (Megaelektronenvolt) anzugeben.

Ein Elektron hat die Ruhmasse $m_0 = 9{,}1 \cdot 10^{-31}$ kg
Wie groß ist seine Ruhenergie in MeV?

$$E_0 = m_0c^2 = 9{,}1 \cdot 10^{-31}\ \text{kg} \cdot (3 \cdot 10^8\ \frac{\text{m}}{\text{sec}})^2 = 81{,}9 \cdot 10^{-15}\ \text{Joule}$$

1 eV (Elektronenvolt) ist die kinetische Energie, die ein Elektron beim Durchlaufen einer Potentialdifferenz von 1 Volt erhält:

$$E_{kin.} = e \cdot U = 1{,}6 \cdot 10^{-19}\ \text{Cb} \cdot 1\ \text{V} = 1{,}6 \cdot 10^{-19}\ \text{Joule}$$

$$1\ \text{MeV} = 10^6\ \text{eV} = 1{,}6 \cdot 10^{-13}\ \text{Joule}$$

Die **Ruhenergie eines Elektrons** in MeV beträgt also

$$E_0 = \frac{81{,}9 \cdot 10^{-15}}{1{,}6 \cdot 10^{-13}}\ \text{MeV} = \frac{0{,}819}{1{,}6}\ \text{MeV} = \mathbf{0{,}512\ MeV}$$

Da die Ruhmasse des Protons etwa 1836 mal so groß ist wie die des Elektrons, ergibt sich für die **Ruhenergie des Protons**

$$E_p = 0{,}512\ \text{MeV} \cdot 1836 \approx \mathbf{940\ MeV}$$

Genauere Werte sind $E_0 = 0{,}511$ MeV und $E_p = 938{,}3$ MeV.

Am eindrucksvollsten aber wird die Einstein-Relation durch die **direkte Umwandlung von Strahlung in Materie und umgekehrt** vor Augen geführt.

Beispiel: Welche Wellenlänge λ muss ein γ-Photon haben, so dass ein Elektronenzwilling (Elektron + Positron) entstehen kann (Abb. 2)?
Es muss nach Einstein die Ungleichung gelten:

$$h\ \nu \geq 2\ m_0\ c^2$$

Hierbei bedeuten:
$h\ \nu$ = Energie des γ-Photons
c = Lichtgeschwindigkeit im Vakuum = 300 000 km/sec
h = Plancksches Wirkungsquantum = $6{,}625 \cdot 10^{-34}$ Joule · sec
m_0 = Ruhmasse des Elektrons bzw. Positrons = $9{,}1 \cdot 10^{-31}$ kg

Da $c = \lambda\ \nu \rightarrow \nu = \frac{c}{\lambda}$ in obige Ungleichung eingesetzt:

$$\frac{h\ c}{\lambda} \geq 2\ m_0\ c^2 \quad \Big| \cdot \frac{\lambda}{c}$$

$$h \geq 2\ m_0\ \lambda\ c$$

$$\rightarrow \lambda \leq \frac{\mathbf{h}}{\mathbf{2\ m_0\ c}}$$

Werte eingesetzt:

$$\lambda \leq \frac{6{,}625 \cdot 10^{-34}\ \mathrm{N \cdot m \cdot sec}}{2 \cdot 9{,}1 \cdot 10^{-31}\,\mathrm{kg} \cdot 3 \cdot 10^{8}\ \frac{\mathrm{m}}{\mathrm{sec}}}$$

$$\lambda \leq 0{,}012 \cdot 10^{-10}\ \mathrm{m}$$

10^{-10} m = 1 Å (benannt nach dem schwedischen Physiker Ångström)

$\lambda \leq$ **0,012 Å**

Die Wellenlänge des γ-Photons muss kleiner oder gleich 0,012 Å, d.h. sehr kurzwellig sein. Zur Veranschaulichung: Röntgenstrahlung hat einen Wellenlängenbereich von 0,1 bis 100 Å.

Lichtquanten unterliegen der Gravitation

Ein Lichtquant hat nach Einstein die Masse $m = \frac{E}{c^2} = \frac{h\ \nu}{c^2}$ und unterliegt damit der Gravitation. Dies haben R.V. Pound und G.A. Rebka 1960 durch den Mößbauer-Effekt **direkt** experimentell nachgewiesen. Sie fanden: die Frequenz eines Lichtquantes **verringert** sich um den Faktor $5 \cdot 10^{-15}$, wenn es sich im Schwerefeld der Erde um 45 m nach oben bewegt. Dieser Wert folgt in der Tat sofort aus dem Energieerhaltungssatz:

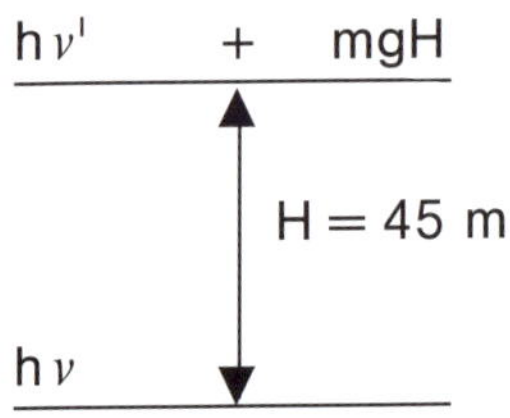

Es gilt: $h\nu = h\nu' + mgH = h\nu' + \frac{h\nu}{c^2}\, gH$

$$\frac{\nu - \nu'}{\nu} = \frac{\triangle \nu}{\nu} = \frac{g \cdot H}{c^2} = \frac{9{,}81 \frac{m}{sec^2} \cdot 45\ m}{(3 \cdot 10^8 \frac{m}{sec})^2}$$

$$= \frac{441{,}45}{9 \cdot 10^{16}} \approx \mathbf{4{,}9 \cdot 10^{-15}}$$

Es war eine Meisterleistung der Experimentiertechnik, diese winzige Frequenzänderung zu messen.

Elektronen kommen in Beschleunigern wegen ihrer winzigen Masse schnell in den relativistischen Bereich

Elektronen durchlaufen eine Beschleunigungsspannung von U = 1 Million Volt = 10^6 V. Wie groß ist ihre Endgeschwindigkeit?
Rechne zuerst klassisch, dann relativistisch.

Klassischer Ansatz:

$E_{kin.} = 1/2\ mv^2 = e \cdot U \longrightarrow v = \sqrt{2\ e \cdot U/m}$

Werte eingesetzt: $v = \sqrt{\frac{2 \cdot 1{,}6 \cdot 10^{-19}\ Cb \cdot 10^6\ V}{9{,}1 \cdot 10^{-31}\ kg}}$

$$(1\ Cb \cdot 1V = 1\ Nm = 1\ kg\ \frac{m^2}{sec^2})$$

$$v = \sqrt{\frac{320 \cdot 10^{16}\ kg\ m^2/sec^2}{9{,}1\ kg}} = 5{,}9 \cdot 10^8\ \frac{m}{sec} \approx \mathbf{2\ c}$$

Man erhält also fast die doppelte Lichtgeschwindigkeit, was nach Einstein nicht möglich ist. Der Fehler liegt darin, dass bei obiger Formel die Masse des Elektrons als konstant angesehen wird; dies ist aber nur bis etwa U = 1000 V richtig, bei höheren Beschleunigungsspannungen muss die Massenzunahme des Elektrons berücksichtigt werden.

Relativistisch korrekter Ansatz:

Nach Einstein ist die Energie des bewegten Elektrons gleich $E = mc^2$, die Energie des ruhenden Elektrons gleich m_0c^2, die Differenz ist seine kinetische Energie.

In Formeln:

$$E_{kin.} = (m - m_0)\, c^2 = m_0 \left(\frac{1}{\sqrt{1 - v^2/c^2}} - 1 \right) c^2 = e \cdot U$$

$$\frac{1}{\sqrt{1 - v^2/c^2}} = 1 + \frac{e \cdot U}{m_0c^2} \longrightarrow 1 - v^2/c^2 = \frac{1}{(1 + e \cdot U/m_0c^2)^2}$$

$$v = c \cdot \sqrt{1 - \frac{1}{(1 + e \cdot U/m_0c^2)^2}}$$

Werte eingesetzt: $1 + \frac{e \cdot U}{m_0c^2} = 1 + \frac{1{,}6 \cdot 10^{-19}\ \text{Cb} \cdot 10^6\ \text{V}}{9{,}1 \cdot 10^{-31}\ \text{kg} \cdot 9 \cdot 10^{16}\ \text{m}^2/\text{sec}^2} = 2{,}9536$

$$\frac{1}{(1 + e \cdot U/m_0c^2)^2} = 0{,}1146 \qquad v = 300\,000\ \text{km/sec}\ \sqrt{0{,}8854}$$

$$\approx \mathbf{282\,300\ km/sec}$$

Die relativistisch korrekte Rechnung ergibt also $\frac{282\,300}{300\,000}\, c = \mathbf{0{,}94c.}$
Die Masse dieser relativistischen Elektronen beträgt $m = m_0/\sqrt{1 - 0{,}94^2} \approx 3\, m_0$.

Wir können das Ergebnis natürlich sofort hinschreiben, wenn wir das vorherige Beispiel beachten, dass die Ruhenergie des Elektrons $m_0c^2 = 0{,}5$ MeV und daher 1 MeV $= 2m_0c^2$ ist. Dann nimmt das Elektron nach Durchlaufen der Spannung von 1 Million Volt die Energie 1 MeV $= 2m_0c^2$ auf. Nach dem Energiesatz folgt:

$$m_0c^2 + 1\ \text{MeV} = m_0c^2 + 2\, m_0c^2 = 3\, m_0c^2 = mc^2 = \frac{m_0\, c^2}{\sqrt{1 - \frac{v^2}{c^2}}}$$

$$\longrightarrow \sqrt{1 - \frac{v^2}{c^2}} = \frac{1}{3} \longrightarrow \mathbf{v = 0{,}94\ c.}$$

Ein Beispiel aus der modernen Physik: Schnell fliegende Teilchen zerfallen langsamer als ruhende

Isaac Newton hatte angenommen, dass es eine absolute Zeit gäbe, die gleichmäßig dahinfließe, ganz unabhängig von dem Bewegungszustand des Beobachters. Diese Auffassung hat Einstein im Rahmen seiner speziellen Relativitätstheorie ebenfalls grundlegend korrigiert: Eine bewegte Uhr geht um den Faktor $\frac{1}{\sqrt{1 - v^2/c^2}}$ langsamer als eine ruhende. Dies hat eine interessante Konsequenz: Die harte Komponente der Höhenstrahlung besteht aus sehr schnellen **Myonen**. Das sind Teilchen mit einer negativen oder positiven Elementarladung, aber der 207 fachen Masse eines Elektrons. Diese Myonen entstehen in mehr als 9 km Höhe über dem Erdboden in der Atmosphäre. Selbst wenn sie Lichtgeschwindigkeit hätten, würden sie eine Laufzeit von $\frac{9\ km}{3 \cdot 10^5 \frac{km}{sec}} = 30 \cdot 10^{-6}\ sec = 30\ \mu sec$ brauchen, um den Erdboden zu erreichen. Das elektrisch-negative Myon zerfällt als **ruhendes** Teilchen aber schon nach einer mittleren Lebensdauer von $\tau = 2\ \mu sec$ in ein Elektron, ein Neutrino und ein Antineutrino. Daher sollten die Myonen nur eine mittlere Reichweite von 600 m haben und den Erdboden nicht erreichen können. Trotzdem werden sie experimentell am Erdboden registriert. Das Rätsel löst die Zeitdehnung: **Schnell fliegende Teilchen zerfallen nach Einstein langsamer als ruhende:** Hat das Myon die Geschwindigkeit $v = 0{,}9978\ c$, so wird der Faktor $\frac{1}{\sqrt{1 - v^2/c^2}} = 15$, das heißt, die mittlere Lebensdauer des Myons beträgt $15\ \tau = 30\ \mu sec$ und es kann daher den Erdboden erreichen.

Wir wollen jetzt zeigen, wie sich **die Zeitdehnung unmittelbar aus der Konstanz der Lichtgeschwindigkeit ergibt** und betrachten nachstehende Skizze:

Beobachter A bewege sich gegenüber B gleichförmig mit der Geschwindigkeit v von links nach rechts. Er trage eine Uhr mit sich, die wie folgt funktioniert: Ein Lichtimpuls wird von 0 ausgesandt, durchläuft die Strecke d, wird am Spiegel Sp reflektiert, kommt wieder bei 0 an und löst hier ein akustisches Signal click aus. Der Beobachter A stellt also eine Folge von akustischen

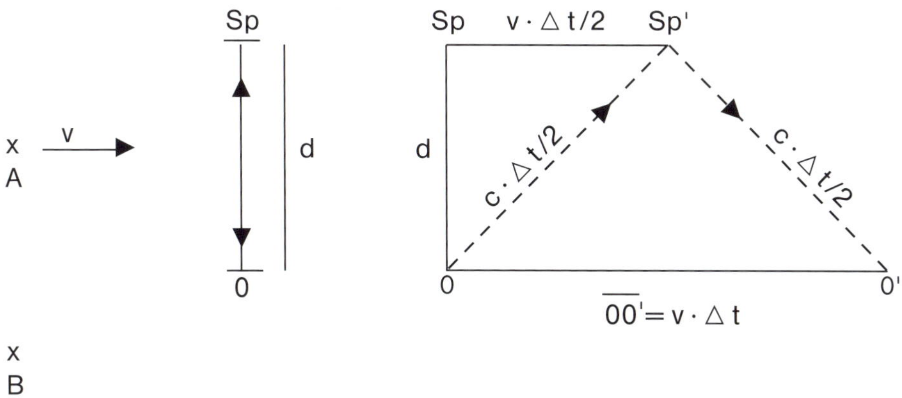

Signalen click – click – click fest, die im Zeitabstand $\triangle t_0 = \frac{2d}{c}$ aufeinander folgen.

Was stellt Beobachter B fest? Er stellt fest, dass der Lichtweg **länger** ist, denn im Zeitraum $\triangle t/2$ hat sich der Spiegel um $v \cdot \triangle t/2$ nach rechts bewegt. Der Lichtweg beträgt also nach dem Satz des Pythagoras:

$$c^2 \frac{\triangle t^2}{4} = d^2 + v^2 \frac{\triangle t^2}{4}$$

Diesen längeren Lichtweg durchläuft das Licht mit c, da die Lichtgeschwindigkeit **nicht** vom Bewegungszustand der Lichtquelle abhängt: **Konstanz der Lichtgeschwindigkeit.**

$$\longrightarrow \frac{\triangle t^2}{4}(c^2 - v^2) = d^2 \longrightarrow \triangle t^2 = \frac{4\,d^2}{c^2 - v^2} = \frac{4\,\frac{d^2}{c^2}}{1 - \frac{v^2}{c^2}}$$

$$\triangle t = \frac{2\,\frac{d}{c}}{\sqrt{1 - v^2/c^2}} = \frac{\triangle t_0}{\sqrt{1 - v^2/c^2}}$$

Für den Beobachter B folgen also die click-Töne in größeren zeitlichen Abständen, die **bewegte Uhr geht langsamer.**

Bewegt sich A mit $v = 0{,}6\,c$ und hält ein Nickerchen von $\triangle t_0 = 1$ Stunde (Eigenzeit), so stellt B fest, dass das Nickerchen in seinem Bezugssystem

$$\triangle t = \frac{1\text{ h}}{\sqrt{1 - 0{,}36}} = \frac{1\text{ h}}{\sqrt{0{,}64}} = \frac{1\text{ h}}{0{,}8} = \mathbf{1{,}25\ h}$$ dauert.

Die Lorentzkontraktion

Ein weiteres Ergebnis der speziellen Relativitätstheorie ist: Ein bewegter Körper erscheint in der Bewegungsrichtung um den Faktor $\sqrt{1 - v^2/c^2}$ verkürzt. Die Querdimensionen bleiben erhalten. Zu Ehren des holländischen Physikers Hendrik Antoon Lorentz (1853-1928) wird diese Verkürzung **Lorentzkontraktion** genannt. Eine bewegte Kugel wird also zu einem abgeplatteten Rotationsellipsoid zusammengedrückt (Abb. 14).

Wir können das vorangegangene Myonen-Experiment auch mit der **Lorentzkontraktion** erklären: Schnell fliegende Myonen der Geschwindigkeit $v = 0{,}9978\ c$ in Richtung Erde entstehen in einer Höhe von etwa $d_0 = 9$ km (Mt. Everest). Für einen Beobachter, der sich auf dem Myon mitbewegt, **ruht** das Myon und die Erde rast mit $v = 0{,}9978\ c$ auf den Beobachter zu. Die Entfernung $d_0 = 9$ km im Ruhsystem der Erde **schrumpft** für den Beobachter auf dem Myon auf $d = d_0 \sqrt{1 - v^2/c^2} \approx 9\ \text{km} / 15 = 600$ m zusammen. Die mittlere Lebensdauer von $\tau = 2\,\mu$sec im Ruhsystem des Myons reicht dann für die Erde aus, um die **lorentzverkürzte** Entfernung von 600 m zurückzulegen. Damit erreicht das Myon die Erdoberfläche (= Meeresspiegel). Plastisch gesagt: Vom Ruhsystem des Myons aus gesehen, schrumpft in Bewegungsrichtung der Mount Everest zu einem Hügel im Odenwald zusammen!
Damit haben wir zwei Möglichkeiten, den experimentellen Tatbestand „Myon erreicht Erdoberfläche" zu beschreiben: Im Ruhsystem der Erde durch die **Zeitdehnung**, im Ruhsystem des Myons durch die **Lorentzkontraktion.**

Abb. 14: Die Lorentzkontraktion. Eine schnell bewegte Kugel wird in Bewegungsrichtung zusammengedrückt, die Querdimensionen bleiben erhalten.

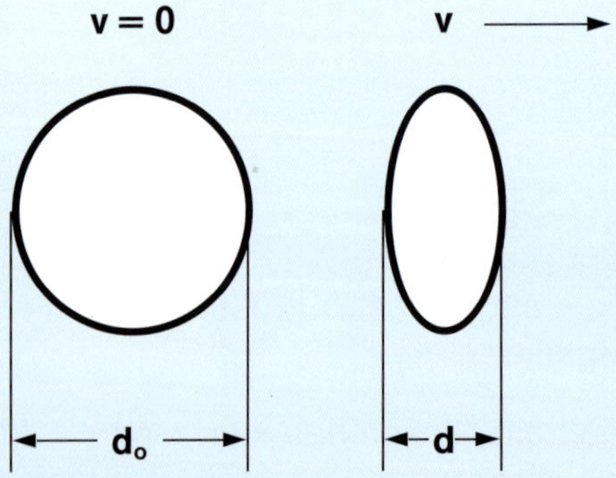

Es gilt: $\mathbf{d = d_0 \cdot \sqrt{1 - \frac{v^2}{c^2}}}$

Quelle: The Feynman lectures on physics

Beispiel: Wie schnell muss sich ein Körper bewegen, so dass seine Länge in Bewegungsrichtung auf die Hälfte schrumpft?

$$\frac{d_0}{2} = d_0 \sqrt{1 - \frac{v^2}{c^2}} \quad \rightarrow \quad \mathbf{v = 0{,}87\ c}$$

Der Körper muss sich mit 87% der Lichtgeschwindigkeit an dem Beobachter vorbeibewegen.

Das hat eine wichtige Konsequenz: Bewegt sich eine Ladung sehr schnell gegen einen Beobachter, so wird das elektrische Feld praktisch in die Ebene senkrecht zur Bahn **zusammengedrückt,** und es entsteht ein mit dem Elektron fliegendes Transversalfeld (Abb. 15).
Dieses Transversalfeld unterscheidet sich nicht allzu sehr von dem Felde einer elektromagnetischen Welle.
Hierauf beruht die weitgehende Ähnlichkeit, die in der **Hochenergiephysik** zwischen den Einwirkungen sehr schneller Elektronen und denjenigen von γ-Strahlen auf Ladungsträger besteht.

Abb. 15: Schnell fliegende elektrische Ladungen haben kein kugelsymmetrisches elektrisches Feld, sondern ein Transversalfeld.

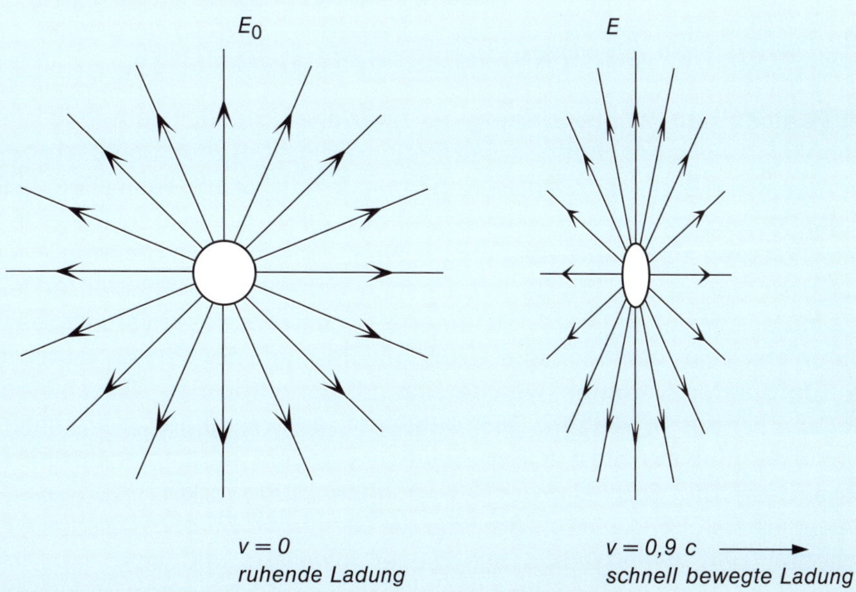

Quelle: The Feynman lectures on physics

Präzise Messungen der spezifischen Ladung Q/m geladener Teilchen haben ergeben, dass die Ladung Q sich mit der Geschwindigkeit **nicht** ändert, nur die Teilchenmasse wächst – wie wir gesehen haben – mit zunehmender Geschwindigkeit. Der Physiker sagt: Die elektrische Ladung Q eines Teilchens ist eine **Lorentz-invariante Größe.**

Beispiel: Eine elektrische Raumladung Q bewege sich mit der Geschwindigkeit v gegen einen Beobachter. Welche Ladungsdichte ϱ registriert dieser?
Die elektrische Raumladung Q ist das Produkt aus Ladungsdichte ϱ und Volumen V. Da Q stets gleich bleibt, das Volumen einer bewegten Raumladung aber wegen der Lorentzkontraktion nach der Formel $V = V_0 \sqrt{1 - v^2/c^2}$ schrumpft, muss die Ladungsdichte ϱ entsprechend zunehmen, es muss die gleiche Ladung Q auf weniger Raum untergebracht werden:

$$\varrho = \frac{Q}{V} = \frac{Q}{V_0 \sqrt{1 - v^2/c^2}} = \frac{\varrho_0}{\sqrt{\mathbf{1 - v^2/c^2}}}$$

Der Beobachter registriert eine überall vergrößerte Ladungsdichte ϱ bei entsprechend verkleinertem Volumen V. Die Gesamtladung $Q = \varrho \cdot V = \varrho_0 \cdot V_0$ ist vom Bewegungszustand unabhängig = Lorentz-invariant.

Einstein hat ein Invarianzgesetz gefunden

Im Rahmen der Popularisierung der speziellen Relativitätstheorie sind von den Geisteswissenschaftlern leider eine Reihe falscher Schlüsse gezogen worden wie z. B. dieser: Seht, schon Einstein hat gesagt, dass alles relativ sei. Daher gebe es auch auf dem Gebiet der Ethik, Kunst und Religion keine verbindlichen Maßstäbe, vielmehr sei alles – wie sogar in der Physik – relativ. Auf dem Gebiet der Physik hat Einstein genau das Gegenteil gezeigt: Er hat in der speziellen Relativitätstheorie ein **universales Invarianzgesetz der Natur** entdeckt, nämlich: **Alle Grundgleichungen der Physik lauten gleich in Koordinatensystemen, welche sich mit gleichförmiger Geschwindigkeit gegeneinander bewegen.** Die zunächst merkwürdigen Annahmen, die Einstein treffen musste wie: Eine bewegte Uhr geht langsamer als eine ruhende, ein bewegter Stab ist in der Bewegungsrichtung verkürzt, die Masse eines bewegten Teilchens wird größer oder die Gleichung $E = m\,c^2$ – all diese Fakten ergeben sich zwangsläufig aus dieser **Invarianz** und sind experimentell bestens bestätigt worden. Man registriert diese Phänomene im Alltagsleben nur deshalb nicht, weil hier die auftretenden Geschwindigkeiten sehr klein gegenüber der Lichtgeschwindigkeit sind.

Die Lorentz-Transformation

Wir wollen nun für den besonders interessierten Leser die Lorentz-Transformation kurz herleiten. Dazu betrachten wir zwei Bezugssysteme S und S′, die sich mit **gleichförmiger** Geschwindigkeit v gegeneinander bewegen (Abb. 16).

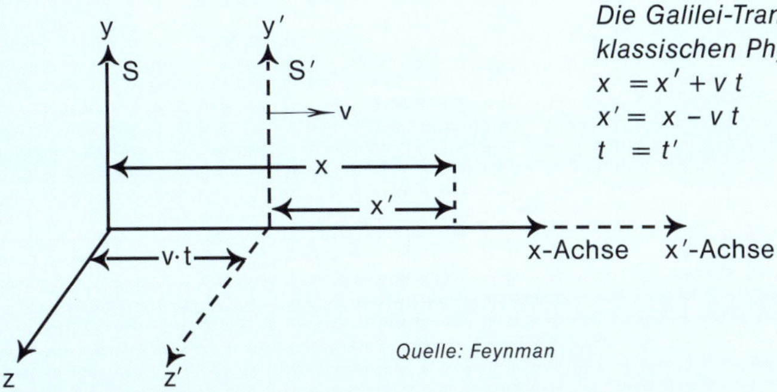

Die Galilei-Transformation der klassischen Physik lautet:

$x = x' + v\,t$

$x' = x - v\,t$

$t = t'$

Abb. 16: Die Bezugssysteme S und S′ bewegen sich mit gleichförmiger Geschwindigkeit v gegeneinander. In S und S′ existiert ein dichtes Netz von Beobachtern mit Uhren und Maßstäben.

Der **Michelson-Morley-Versuch** auf Seite 28 hat zwingend ergeben: Die Lichtgeschwindigkeit in einem ruhenden und in einem gleichförmig bewegten Bezugssystem ist in allen Richtungen **gleich groß,** nämlich gleich c. Ein Lichtsignal starte im Ursprung des Bezugssystems S zur Zeit $t = 0$ in Richtung der x-Achse. Die Koordinatenursprünge von S und S′ mögen für $t = t' = 0$ zusammenfallen. Dann startet das Lichtsignal auch in S′ zum Zeitpunkt $t' = 0$. Der Michelson-Versuch ergibt für das Lichtsignal

in S: $x = c\,t$

in S′: $x' = c\,t'$. Man beachte, dass $t \neq t'$

Wir machen nun folgenden Ansatz: $x = \alpha\,(x' + v\,t')$

und: $x' = \alpha\,(x - v\,t)$

Für kleine Geschwindigkeiten v soll $\alpha \longrightarrow 1$ und $t \longrightarrow t'$ gehen, d. h. wir erhalten die klassische, sog. **Galilei-Transformation.**

Das α bestimmen wir wie folgt:

(1) $x = c\,t = \alpha\,(x' + v\,t') = \alpha\,(c\,t' + v\,t') = \alpha\,(c + v)\,t'$

(2) $x' = c\,t' = \alpha\,(x - v\,t) = \alpha\,(c\,t - v\,t) = \alpha\,(c - v)\,t$

Aus (1) folgt: $t = \frac{\alpha}{c}\,(c + v)\,t'$

in (2) eingesetzt: $c\,t' = \alpha\,(c - v)\,\frac{\alpha}{c}\,(c + v)\,t'$

$$\alpha^2 = \frac{c^2}{c^2 - v^2} = \frac{1}{1 - \frac{v^2}{c^2}} \quad \text{oder } \alpha = \frac{1}{\sqrt{1-\beta^2}} \quad \text{wobei } \beta = \frac{v}{c}$$

Also folgt:

$$x = \alpha\,(x' + v\,t') = \frac{x' + v\,t'}{\sqrt{1-\beta^2}}$$

$$x' = \alpha\,(x - v\,t) = \frac{x - v\,t}{\sqrt{1-\beta^2}}$$

Für t' erhalten wir aus (2): $c\,t' = \alpha\,(x - v\,t)$ und $t = \frac{x}{c}$

$$\longrightarrow \quad c\,t' = \alpha\,(c\,t - \frac{v\,x}{c})$$

$$t' = \alpha\,(t - \frac{v\,x}{c^2}) = \frac{t - \frac{v\,x}{c^2}}{\sqrt{1-\beta^2}}$$

entsprechend folgt aus (1): $c\,t = \alpha\,(x' + v\,t')$ und $t' = \frac{x'}{c}$

$$c\,t = \alpha\,(c\,t' + \frac{v\,x'}{c})$$

$$t = \alpha\,(t' + \frac{v\,x'}{c^2}) = \frac{t' + \frac{v\,x'}{c^2}}{\sqrt{1-\beta^2}}$$

Man nennt diese Transformationen die sog. **Lorentz-Transformationen.** Für $v \longrightarrow 0$ gehen sie in die Galilei-Transformation über. Die Lorentz-Transformationen erfassen nicht nur die Längen-, sondern auch die **Zeitangaben** beim Übergang von einem Bezugssystem zum anderen. Das ist ihr wesentliches Merkmal. Sie betonen, dass man grundsätzlich keine vom Ort unabhängigen Zeitangaben machen kann und führen zu wichtigen Folgerungen wie z. B.:

Ortsabhängigkeit des Uhrenstandes. Relativität der Gleichzeitigkeit

Zwei im Bezugssystem S an zwei Orten x_1 und x_2 gleichzeitige Ereignisse, also $t_1 = t_2$, werden von Beobachtern im System S′ **nicht** gleichzeitig gemessen. Diese Beobachter messen vielmehr eine Zeitdifferenz

$$t'_1 - t'_2 = \alpha\,(t_1 - \frac{v\,x_1}{c^2}) - \alpha\,(t_1 - \frac{v\,x_2}{c^2}) = \alpha\,\mathbf{(x_2 - x_1)}\,\frac{\mathbf{v}}{\mathbf{c^2}}$$

Nur bei unendlich großer Lichtgeschwindigkeit ($c \to \infty$) wären die Ereignisse auch in S′ gleichzeitig. Für die **Relativität der Gleichzeitigkeit** gibt Einstein selbst das folgende anschauliche Beispiel:

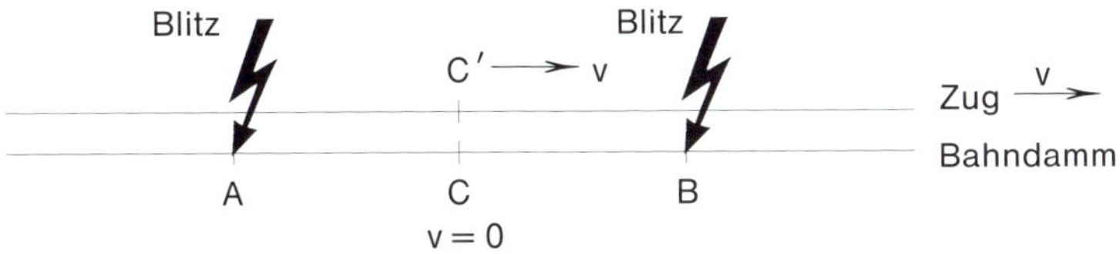

Auf dem Bahndamm schlagen zwei Blitze gleichzeitig an verschiedenen Stellen A und B der Geleise ein. Ein in der **Mitte** von $\overline{AB}$ ruhender Beobachter C (v = 0) sieht die Lichtblitze gleichzeitig.

Bewegt sich der Beobachter C′ jedoch mit v in einem fahrenden Zug nach rechts, so finden die Blitzeinschläge auf den Zug für ihn **nicht mehr gleichzeitig** statt. Wegen der Unabhängigkeit der Lichtgeschwindigkeit vom Bewegungszustand der Lichtquelle (= Konstanz der Lichtgeschwindigkeit = Ergebnis des Michelson-Morley-Experimentes) laufen die beiden Lichtblitze zwar jeweils mit c auf den Beobachter C′ zu, aber C′ bewegt sich auf den Blitz in B zu, verkürzt daher die Entfernung und sieht aus diesem Grunde den Blitz in B **eher** als den Blitz in A. Fazit: Für den bewegten Beobachter C′ sind die Blitzeinschläge **nicht** gleichzeitig.

Die relativistische Zeitdehnung

Eine im Bezugssystem S am gleichen Ort x_0 gemessene Zeitdauer $T = t_2 - t_1$ wird von Beobachtern im System S′ **länger** gemessen. Sie messen die Zeitdauer

$$T' = t_2' - t'_1 = \alpha\,(t_2 - \frac{v\,x_0}{c^2}) - \alpha\,(t_1 - \frac{v\,x_0}{c^2})$$

$$= \alpha\,(t_2 - t_1) = \alpha\,\mathbf{T}$$

Man nennt die Zeitdauer in einem Bezugssystem am **gleichen Ort** die sog. **Eigenzeit.**

Die Lorentz-Kontraktion

Ein der Bewegungsrichtung paralleler Längenabschnitt $L = x_2 - x_1$ im Bezugssystem S wird von Beobachtern im System S′ **kürzer** gemessen. Diese messen

$$x_2' - x'_1 = L' = \frac{L}{\alpha} = L\sqrt{1 - \beta^2}$$

Beweis:

$$x_2' = \alpha\,(x_2 - v t_2)$$

$$x_1' = \alpha\,(x_1 - v t_1)$$

$$x_2' - x_1' = \alpha\,[x_2 - x_1 - v\,(t_2 - t_1)]$$

Für t_2 und t_1 sind diejenigen Zeiten zu wählen, für die $t_2' = t_1'$ wird. Nur so kann der bewegte Beobachter feststellen, an welchen Teilstrichen seines Maßstabes sich Anfang und Ende der zu messenden Strecke im **gleichen** Zeitpunkt befinden.

$$t_2' = \alpha\,(t_2 - \frac{v\,x_2}{c^2}) = t_1' = \alpha\,(t_1 - \frac{v\,x_1}{c^2})$$

$$\longrightarrow t_2 - \frac{v\,x_2}{c^2} = t_1 - \frac{v\,x_1}{c^2} \longrightarrow t_2 - t_1 = \frac{v}{c^2}\,(x_2 - x_1)$$

$$\longrightarrow x_2' - x_1' = \alpha\,[x_2 - x_1 - \frac{v^2}{c^2}\,(x_2 - x_1)] = \alpha\,(x_2 - x_1)(1 - \frac{v^2}{c^2}) = \mathbf{L}\sqrt{1 - \beta^2}$$

Wir wollen jetzt den **Messprozess** der Längenbestimmung etwas näher betrachten:

Um die Länge eines bewegten Maßstabs festzustellen, müssen wir die Lage seines Anfangspunktes und seines Endpunktes zu **ein und derselben Zeit** beobachten. Man sieht, dass es gar keinen Sinn hat, von der Länge eines bewegten Stabes zu sprechen, wenn man nicht **vorher** den Begriff der **Gleichzeitigkeit** klar definiert hat. Wir müssen also dafür sorgen, dass alle Uhren in unserem Bezugssystem **dieselbe** Zeit anzeigen. Dazu müssen wir die Uhren in unserem Koordinatensystem **zunächst** an ihren Platz bringen und **jetzt** so einregulieren, dass sie mit der am Nullpunkt befindlichen Uhr die gleiche Zeit anzeigen.

Wie machen wir das? Wir senden vom Koordinatenanfang in dem Augenblick, in dem die dort befindliche Uhr die Zeit 0 anzeigt, ein Lichtsignal in Richtung auf die zu regulierende Uhr, die sich im Abstand r vom Koordinatenanfang befinden möge. Ein bei dieser Uhr befindlicher Beobachter erhält die Instruktion, seine Uhr auf die Zeit $t = r/c$ zu stellen in dem Augenblick, in dem das Lichtsignal bei ihm eintrifft (Befände sich die Uhr z. B. auf der Sonne, so müsste die Sonnenuhr auf $t = r/c = 150 \cdot 10^6 / 3 \cdot 10^5$ sec $= 8{,}3$ min. eingestellt werden. Hat das Lichtsignal die Sonne erreicht, dann ist natürlich die Uhrzeit am Koordinatenanfang auch um 8,3 min. vorgerückt, d. h. die Uhren am Koordinatenanfang und auf der Sonne zeigen exakt die gleiche Zeit an. Der Physiker sagt, die beiden Uhren sind synchronisiert). Wir denken uns nun nach diesem Verfahren alle in unserem Koordinatensystem befindlichen Uhren einreguliert. **Erst nachdem dies geschehen ist,** können wir den **Begriff der Gleichzeitigkeit** in unserem System definieren: Zwei an verschiedenen Orten des Systems sich abspielende Ereignisse gelten dann als gleichzeitig, wenn die an diesen Orten befindlichen Uhren die gleiche Zeit anzeigen. Diese Vorschrift zur Einregulierung der Uhren bildet den Kernpunkt unseres Messprozesses. Erst nach **Synchronisation der Uhren** in unserem Bezugssystem sind wir in der Lage, Anfangs- und Endpunkt eines bewegten Maßstabes zu **ein und derselben Zeit** überhaupt zu beobachten.

Das Einsteinsche Additionsgesetz der Geschwindigkeiten

Dieses folgt sofort aus der Lorentz-Transformation:
Ein Körper fliege im S'-System in Richtung x'-Achse mit der Geschwindigkeit $v' = \frac{x'}{t'}$. Welche Geschwindigkeit $v_{ges.}$ registriert der Beobachter im System S?

$$v_{ges.} = \frac{x}{t} = \frac{\alpha\,(x' + v\,t')}{\alpha\,(t' + \frac{vx'}{c^2})} = \frac{t'\,(\frac{x'}{t'} + v)}{t'\,(1 + \frac{v}{c^2}\,\frac{x'}{t'})} = \frac{\mathbf{v' + v}}{\mathbf{1 + \frac{v\,v'}{c^2}}}$$

Bereits um 1850 war der französische Physiker **Fizeau** (1819–1896) experimentell auf das Einsteinsche Additionsgesetz der Geschwindigkeiten gestoßen: Er ließ Wasser mit dem Brechungsindex $n = 4/3$ mit einer Geschwindigkeit von $v = 5$ m/s durch eine Röhre strömen und schickte in Strömungsrichtung einen Lichtstrahl durch die Röhre. Als Relativgeschwindigkeit zum ruhenden Beobachter fand er **nicht** die Relation

$v_{ges.} = \frac{c}{n} + v$, sondern $v_{ges.} = \frac{c}{n} + v\,(1 - \frac{1}{n^2}) = \frac{c}{n} + \frac{7}{16}\,v$

Diese Beziehung folgt in der Tat aus dem **relativistischen** Additionsgesetz der Geschwindigkeiten:

$$v_{ges.} = \frac{v' + v}{1 + \frac{vv'}{c^2}} = \frac{\frac{c}{n} + v}{1 + \frac{v}{c\,n}} \approx (\frac{c}{n} + v)\,(1 - \frac{v}{c\,n}) = \frac{c}{n} + v - \frac{v}{n^2} - \underset{\substack{\downarrow \\ 0}}{\frac{v^2}{c\,n}}$$

$$= \frac{c}{n} + v\,(1 - \frac{1}{n^2})$$

Fizeau kannte damals das Einsteinsche Additionsgesetz der Geschwindigkeiten nicht und erklärte das Ergebnis seiner Messungen durch eine teilweise Mitnahme des Weltäthers durch das strömende Wasser. Daher bezeichnete er den Wert $1 - 1/n^2 = 7/16$ als sog. **Mitführungskoeffizienten** des Weltäthers für das Medium Wasser. Seit Einstein wissen wir, dass es keinen Weltäther gibt. Einstein selbst hat die Fizeau'schen Messungen als experimentum crucis = entscheidendes Experiment für die spezielle Relativitätstheorie gewertet.

Die Gleichwertigkeit der beiden Bezugssysteme S und S′

Dafür ein Beispiel: eine im S-System am **gleichen Ort** gemessene Zeitdauer T wird im S′-System länger gemessen. Es gilt $T' = \alpha\,T$. Entsprechend wird eine im S′-System am **gleichen Ort** gemessene Zeitdauer $T' = t_2' - t_1'$ von Beobachtern im S-System länger gemessen. Diese messen als Zeitdauer

$$T = t_2 - t_1 = \alpha\,(t_2' + \frac{v\,x'_0}{c^2}) - \alpha\,(t_1' + \frac{v\,x'_0}{c^2}) = \alpha\,(t'_2 - t'_1) = \alpha\,\mathbf{T}'$$

Es ist durch keine physikalische Messung möglich, einen prinzipiellen Unterschied zwischen S und S′ festzustellen: **Invarianz der Physik gegenüber gleichförmiger Bewegung.** Durch die Lorentz-Transformationen sind Raum und Zeit verkoppelt. Wie **Minkowski** sagt: „Space of itself, and time of itself will sink into mere shadows, and only a kind of union between them shall survive".

Relativistischer Doppler-Effekt und Expansion des Universums

Schon im 18. Jahrhundert beobachteten die Astronomen verwaschene, ausgedehnte als „Nebel“ bezeichnete Objekte am Himmel, die bis ins 20. Jahrhundert hinein Gegenstand wissenschaftlicher Debatten waren. Erst Mitte der zwanziger Jahre dieses Jahrhunderts konnte **Edwin Hubble** (1889 – 1953) mit dem 2,5-m-Teleskop des Mount-Wilson-Observatoriums zeigen, dass diese „Nebel“ tatsächlich **Galaxien** wie unsere Milchstraße sind. Für den Andromedanebel z. B. berechnete Hubble eine Entfernung von $2 \cdot 10^6$ Lichtjahre ($1\,\text{Lj} = 300\,000\,\text{km/s} \cdot 365 \cdot 24 \cdot 60 \cdot 60\,\text{s} = 9{,}5 \cdot 10^{12}\,\text{km}$ = 9,5 Billionen km). Unsere Milchstraße ist eine **Spiralgalaxie** mit etwa 100 Milliarden $= 10^{11}$ Sternen. Die Sonne befindet sich etwa 30 000 Lj vom Zentrum der Milchstraße entfernt und wirbelt mit 250 km/s um das Zentrum herum. Zur Vollendung eines Umlaufes braucht sie etwa 230 Millionen Jahre. Im beobachtbaren Universum gibt es schätzungsweise 10^{10} Galaxien. Der allergrößte Teil dieser Galaxien ist so weit entfernt, dass unsere Instrumente keine internen Details auflösen können.

Edwin Hubble erkannte als erster Astronom die Beziehung zwischen der **Rotverschiebung in den Spektren von Galaxien** und ihrer Entfernung von der Erde. Diese Rotverschiebung beruht auf dem **relativistischen Doppler-Effekt** und ist die Grundlage für das **Hubble-Gesetz,** das die Fluchtgeschwindigkeit einer Galaxie mit ihrer Entfernung von der Erde verbindet. Aus dem Hubble-Gesetz schließen die Astrophysiker auf ein **expandierendes Universum.** Diese Tatsachen zeigen, wie tief die spezielle Relativitätstheorie auch in die moderne Astrophysik hineinreicht.

Der relativistische Doppler-Effekt

Christian Doppler (1803 – 1853), österreichischer Physiker und Gründer des Physikalischen Instituts der Universität Wien, fand den nach ihm benannten Effekt: **Bewegen sich Schwingungsquelle und Beobachter relativ zueinander, so erscheint bei Abstandsverminderung die Frequenz erhöht, bei Abstandsvergrößerung die Frequenz erniedrigt.** Doppler behauptete schon 1842, dass ein selbstleuchtender Körper, z. B. ein Stern, der sich auf uns zu bewegt, eine Farbe haben müsse, die dem blauen Ende des Spektrums nahe sei, während seine Farbe rot sein müsse, wenn er sich von uns entfernt.

Die korrekte Formel für Lichtwellen konnte allerdings erst mit der speziellen Relativitätstheorie gefunden werden. Denn die Behandlung des Doppler-Effektes für Schallwellen ergab, dass die Frequenzänderung für eine vorgegebene Geschwindigkeit v davon abhängt, ob sich die Schallquelle oder der Beobachter mit dieser Geschwindigkeit bewegt. Diese Unterscheidung ist für Schallwellen möglich, da ein Medium = Luft existiert, in der die Bewegung stattfindet. Eine solche Unterscheidung lässt sich für elektromagnetische Wel-

Abb. 17: Unser Milchstraßensystem. Das Licht braucht von der Erde bis zum Mond wenig mehr als eine Sekunde, zur Sonne etwa 8 Minuten, es durcheilt unser Sonnensystem in 1/800 Jahre, für unsere gesamte Milchstraße benötigt es 100 000 Jahre. Um die fernsten für uns wahrnehmbaren Galaxien zu erreichen, braucht das Licht einige Milliarden Jahre.

Quelle: Our Universe, Washington, D.C.

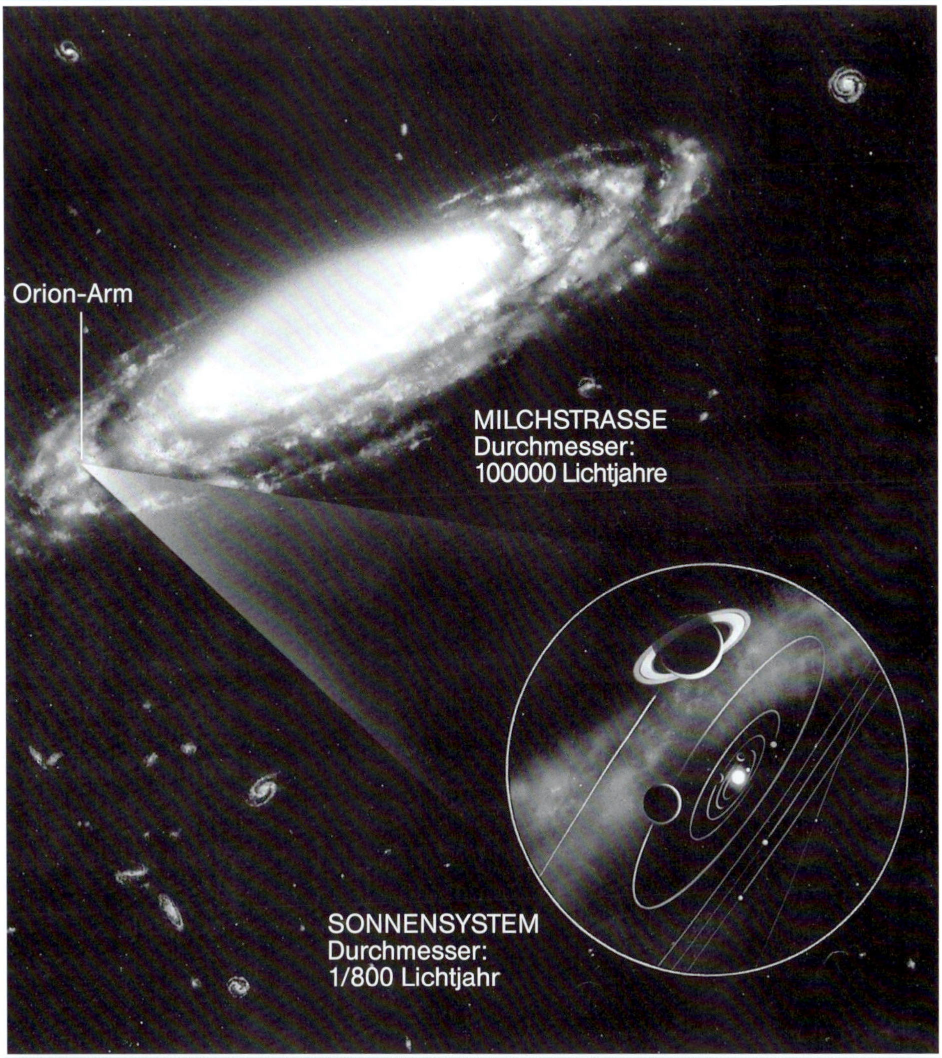

len im Vakuum jedoch **nicht** treffen, denn das Vakuum dient nicht als Medium für die Übertragung dieser Wellen. Einen sog. „Weltäther", in dem sich die Lichtwellen ausbreiten sollten, gibt es nicht. Daher können die Formeln für den Doppler-Effekt bei Schallwellen **nicht** für Licht gültig sein. Die **relativistisch korrekte** Gleichung für den Doppler-Effekt erhalten wir durch folgende Überlegung:

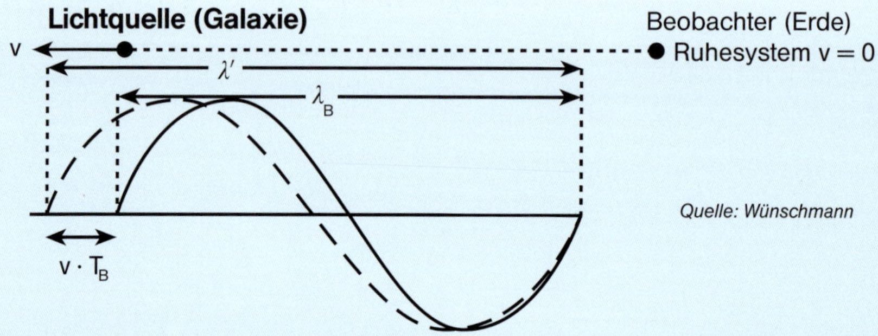

Abb. 18: Doppler-Effekt. Veranschaulichung der Relation $\lambda' = \lambda_B + v\,T_B$

Wir betrachten eine Lichtquelle = Galaxie, die sich mit konstanter Geschwindigkeit v vom Beobachter = Erde fortbewegt. Wir arbeiten im **Ruhesystem des Beobachters.** Die Galaxie emittiere genau einen elektromagnetischen Wellenzug in dem vom Beobachter gemessenen Zeitintervall T_B. Während der Wellenzug die Entfernung $c \cdot T_B = \lambda_B$ zurücklegt, hat sich die Galaxie um die Strecke $v \cdot T_B$ vom Beobachter = Erde entfernt. Der Wellenzug wird also um $v \cdot T_B$ **auseinander gezogen** (Abb. 18). Der Beobachter auf der Erde misst also die Wellenlänge

$$\lambda' = c\,T_B + v\,T_B = \lambda_B + v\,T_B$$

$$\nu' = \frac{c}{\lambda'} = \frac{c}{c\,T_B + v\,T_B} = \frac{1}{(1 + \frac{v}{c})\;T_B} = \frac{1}{(1 + \beta)\,T_B}$$

Jetzt kommt die relativistische Zeitdehnung ins Spiel. Zwischen T_B und dem Eigenzeitintervall T_Q der Lichtquelle = Galaxie besteht die Relation

$$T_B = \frac{T_Q}{\sqrt{1 - \beta^2}} \quad \text{wobei } \beta = \frac{v}{c}\text{, d. h.}$$

ein Physiker, der sich mit der Galaxie bewegt, misst für genau eine Schwingung die Eigenzeit T_Q, während von der Erde aus diese Eigenzeit um den Faktor

$$\frac{1}{\sqrt{1-\beta^2}}$$ gedehnt erscheint. Also folgt:

$$\nu' = \frac{\sqrt{1-\beta^2}}{(1+\beta)\cdot T_Q} \qquad T_Q = \frac{1}{\nu_Q} = \frac{1}{\nu_0}$$

$$\nu' = \frac{\nu_0\sqrt{1-\beta^2}}{1+\beta} = \nu_0\sqrt{\frac{(1-\beta)(1+\beta)}{(1+\beta)^2}} = \nu_0\sqrt{\frac{1-\beta}{1+\beta}} \quad \cdot \text{ Da } c = \lambda\cdot\nu$$

$$\frac{\nu'}{\nu_0} = \frac{\lambda_0}{\lambda'} = \sqrt{\frac{1-\beta}{1+\beta}}$$

Dies ist die relativistisch korrekte Relation zwischen λ' (gemessen auf der Erde) und λ_0, gemessen auf einer sich mit v von der Erde wegbewegenden Galaxie.

Beispiel: Das langwelligste Licht der Balmer-Serie von Wasserstoff hat eine Wellenlänge von $\lambda_0 = 656$ nm. Im Licht einer entfernten Galaxie wird die Wellenlänge dieser Linie zu $\lambda' = 1458$ nm gemessen. Wie groß ist die Geschwindigkeit, mit der sich die Galaxie von der Erde wegbewegt?

$$\frac{\lambda'}{\lambda_0} = \sqrt{\frac{1+\beta}{1-\beta}} \longrightarrow \frac{\lambda'^2}{\lambda_0^2} = \frac{1+\beta}{1-\beta} = \frac{1458^2}{656^2} = 4{,}94$$

$$4{,}94 - 4{,}94\,\beta = 1 + \beta \longrightarrow 3{,}94 = 5{,}94\,\beta \longrightarrow \beta = \frac{v}{c} = \mathbf{0{,}663}$$

Die Galaxie bewegt sich mit v = 0,663 c von der Erde weg. Die Verschiebung des Lichtes zu längeren Wellenlängen heißt **Rotverschiebung.**

Beispiel: Wie schnell muss sich ein Beobachter auf eine rote Lichtquelle ($\lambda = 650$ nm) zubewegen, damit sie für ihn grün ($\lambda = 525$ nm) erscheint?

Wegen der **Gleichwertigkeit der Bezugssysteme** ist es egal, ob sich der Beobachter auf die rote Lichtquelle zubewegt oder umgekehrt. Daher können wir obige Formel nehmen, müssen aber v durch –v ersetzen. Also ergibt sich:

$$\frac{\lambda'}{\lambda_0} = \sqrt{\frac{1-\beta}{1+\beta}} \longrightarrow \frac{\lambda'^2}{{\lambda_0}^2} = \frac{1-\beta}{1+\beta} = \frac{525^2}{650^2} = 0{,}652$$

$$1-\beta = 0{,}652 + 0{,}652\,\beta \longrightarrow 0{,}348 = 1{,}652\,\beta \longrightarrow \beta = v/c = \mathbf{0{,}21}$$

Der Beobachter muss sich mit v = 0,21 c auf die rote Lichtquelle zu bewegen, damit diese ihm grün erscheint.

Das Hubble-Gesetz

Wie Abb. 19 zeigt, verbindet das Hubble-Gesetz die Fluchtgeschwindigkeit v einer Galaxie mit der Entfernung r von der Erde. Es lautet: **v = H · r** . H ist die sog. Hubble-Konstante, die direkt mittels v aus der Rotverschiebung berechnet werden kann. Jedoch besteht eine große Problematik der astronomischen Entfernungsbestimmung und die Entfernungen sind nur für einen kleinen Bruchteil der 10^{10} Galaxien bekannt. Ein häufig verwendeter Wert der Hubble-Konstante ist H = 23 km/s / 10^6 Lj.

Das Hubble-Gesetz besagt, dass sich die Galaxien alle von uns fortbewegen, wobei die Fluchtgeschwindigkeit mit zunehmender Entfernung anwächst. Es gibt allerdings keinen Grund zu der Annahme, dass die Lage unserer Erde im Universum ausgezeichnet sei. Ein Beobachter in einer beliebigen Galaxie würde die gleiche Feststellung treffen und die gleiche Hubble-Konstante berechnen. Das Hubble-Gesetz besagt, dass sich alle Galaxien mit einer mittleren Geschwindigkeit von 23 km/s pro 10^6 Lj Abstand voneinander fortbewegen: **Das Universum expandiert.** Die Größe 1/H wird Hubble-Zeit genannt und liegt bei etwa $1{,}3 \cdot 10^{10}$ Jahren. Dies entspricht dem Alter des Universums, wenn man die Gravitationswechselwirkung der voneinander wegfliegenden Galaxien vernachlässigt. Das Hubble-Gesetz kommt also zu dem Ergebnis, dass das Universum vor ungefähr T = r/v = r/H r = 1/H Jahren durch eine riesige Explosion = **Urknall** entstanden ist. Dies ist eine **fundamentale Entdeckung,** wenngleich noch viele Fragen ungelöst sind.

Quelle: Tipler, Physik

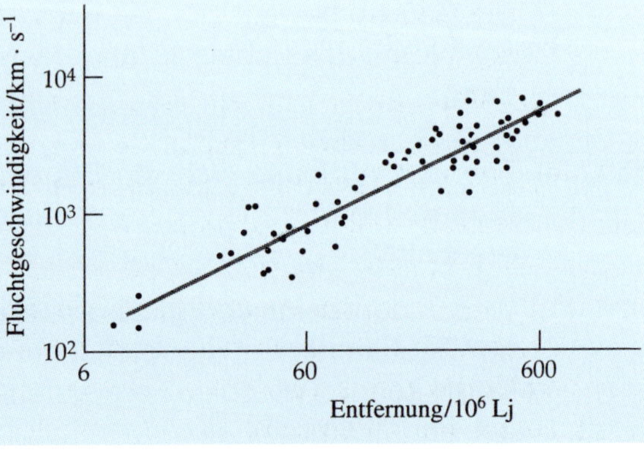

Abb. 19:
In diesem Diagramm sind zur Verdeutlichung des Hubble-Gesetzes die Fluchtgeschwindigkeiten einzelner Galaxien gegen ihre Entfernung aufgetragen.

Beispiel: Zeige mit Hilfe der Vektorrechnung, dass das Hubble-Gesetz unserer Erde **keine** Sonderstellung zuweist. Ein Beobachter in einer beliebigen Galaxis würde die gleiche Hubble-Konstante berechnen. Dazu betrachten wir die drei Galaxien A, B und C in der Skizze.

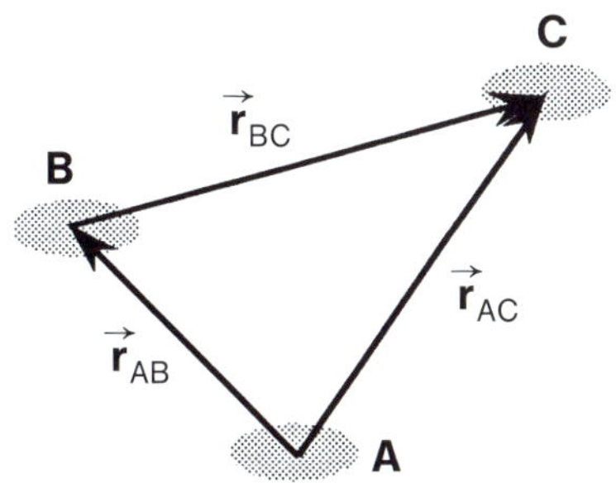

Die Galaxis A sei die Milchstraße. Wenn das Hubble-Gesetz für diese erfüllt ist, so gelten die beiden Gleichungen

$$\vec{v}_{AC} = H\vec{r}_{AC} \text{ und}$$

$$\vec{v}_{AB} = H\vec{r}_{AB}$$

$$\underline{\underline{\vec{v}_{BC}}} = \vec{v}_{AC} - \vec{v}_{AB} = H\,(\vec{r}_{AC} - \vec{r}_{AB}) = \underline{\underline{H\vec{r}_{BC}}}$$

Dies folgt aus den Regeln der Vektorrechnung. Also ist das Hubble-Gesetz auch für Galaxis B erfüllt und daher für jede beliebige Galaxis im Universum.

Ein Wettrennen von Schülern soll abschließend das Hubble-Gesetz veranschaulichen (Abb. 20). Anfänglich waren alle Schüler am Ort E um den Lehrer geschart. Dann haben alle im Zeitpunkt $t = 0$ ihren Lauf in beliebiger radialer Richtung begonnen; ihr Ziel ist ein ferner, um E geschlagener Kreis. Im Augenblick der Beobachtung gibt jeder schwarze Punkt im Teilbild *a* den Ort eines Läufers und die Strichlänge seine Geschwindigkeit. Die seit dem Start in E zurückgelegten Entfernungen sind der Geschwindigkeit der Läufer proportional. Die schnellsten Läufer sind am weitesten gekommen.

Das Teilbild *b* zeigt das gleiche Wettrennen, beobachtet im gleichen Zeitpunkt, jedoch **nicht** vom Standpunkt des Lehrers E, sondern von dem eines beliebigen, am Laufe beteiligten Schülers N.

Das Bild *b* geht sehr einfach aus dem Bild *a* hervor:

Man braucht nur den zu N gehörigen Geschwindigkeitspfeil im Teilbild *a* von allen übrigen, im Teilbild *a* vorhandenen Geschwindigkeitspfeilen **vektoriell zu subtrahieren.** Links oben für ein Beispiel gestrichelt. Jetzt steht nicht mehr E, sondern N im Mittelpunkt der allgemeinen radialen Fluchtbewegung.

Die Aufklärung dieser Zusammenhänge ist für unser modernes physikalisches Weltbild von großer Bedeutung. Die spezielle Relativitätstheorie spielt in der modernen Physik eine überragende Rolle und selbst die Astronomie ist heutzutage zu einem Teil relativistisch geworden.

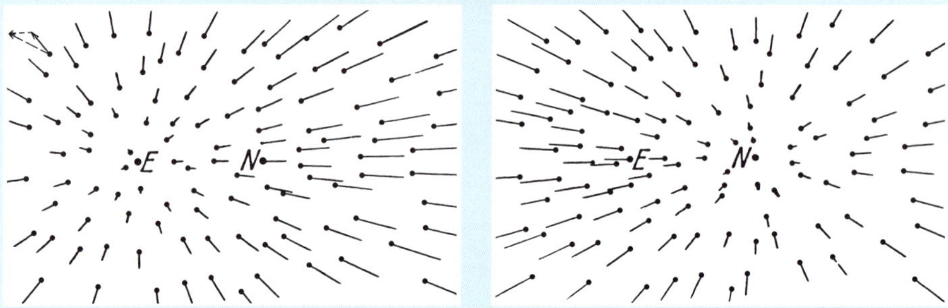

Quelle: Pohl

Abb. 20: Veranschaulichung des Hubble-Gesetzes $v = H \cdot r$ durch ein Wettrennen von Schülern. Ein beliebiger Schüler N habe in Teilbild a die konstante Geschwindigkeit $v = 5$ m/sec und die Wegstrecke $r = 500$ m vom Lehrer E zurückgelegt. Dann hat das Wettrennen vor $T = r/v = 500/5$ sec $= 100$ sec begonnen (Urknall) und für alle Schüler gilt die gleiche „Hubble-Konstante" $H = 1/T = 1/100\ sec^{-1}$.

Fazit

Mit der speziellen Relativitätstheorie 1905 und mit der Planckschen Entdeckung der Konstanten h im Jahre 1900 begann die **moderne Physik.** Immer wenn wir es mit großen Energien, d. h. großen Geschwindigkeiten zu tun haben, reicht die Newtonsche Mechanik nicht aus und wir müssen zur speziellen Relativitätstheorie greifen. Alle Ergebnisse dieser Theorie wie Massenveränderlichkeit, Zeitdehnung, $E = mc^2$ sind **genauestens experimentell bestätigt worden.** Das relativistische Additionsgesetz der Geschwindigkeiten lässt sich z. B. sehr schön direkt mit Elementarteilchen testen: Das neutrale Pion ist ein Elementarteilchen, welches in zwei Photonen zerfällt. Angenommen, das hochenergetische Pion bewegt sich mit 0,99-facher Lichtgeschwindigkeit in x-Richtung. Wenn das Pion zerfällt und eines der Photonen in x-Richtung emittiert, so wird für dieses Photon **nicht** 1,99 c, sondern exakt die Lichtgeschwindigkeit c gemessen – genau wie Einstein es fordert. Die Ergebnisse der speziellen Relativitätstheorie erschütterten zum erstenmal die menschliche Vorstellungskraft und zeigen, dass die „Physik der hohen Geschwindigkeiten" **zu ganz anderen Resultaten** führt als der Mensch mit seinem normalen Verstand im Bereich der klassischen Welt gewohnt war.

Albert Einstein: Motive des Forschens

Abschließend wollen wir Albert Einstein noch einmal zu Wort kommen lassen. Ende April 1918 veranstaltete die Deutsche Physikalische Gesellschaft zum 60. Geburtstag von Max Planck eine Festsitzung in Berlin mit Reden von Emil Warburg, Max von Laue, Arnold Sommerfeld und einer besonders schönen Rede von Albert Einstein über die „Motive des Forschens". Da Einstein wusste, dass Planck ein geübter Bergsteiger war und regelmäßig seinen Urlaub in den Alpen verbrachte, hat er in feinsinniger Weise die Sehnsucht des Forschers nach objektivem Verstehen mit dem Städter verglichen, den es aus seiner geräuschvollen Umgebung nach der stillen Hochgebirgslandschaft hinzieht. Hier ein Auszug aus seiner Festrede:

„Ein vielgestaltiger Bau ist er, der Tempel der Wissenschaft. Gar verschieden sind die darin wandelnden Menschen und die seelischen Kräfte, welche sie dem Tempel zugeführt haben. Gar mancher befasst sich mit Wissenschaft im freudigen Gefühl seiner überlegenen Geisteskraft; ihm ist die Wissenschaft der ihm gemäße Sport, der kraftvolles Erleben und Befriedigung des Ehrgeizes bringen soll; gar viele sind auch im Tempel zu finden, die nur um utilitaristischer Ziele willen hier ihr Opfer an Gehirnschmalz darbringen. Käme nun ein Engel Gottes und vertriebe alle die Menschen aus dem Tempel, welche zu diesen beiden Kategorien gehören, so würde er bedenklich geleert, ... bei vielen auch würde unserem Engel die Entscheidung ziemlich sauer werden. Aber eines scheint mir sicher: Gäbe es nur Menschen von der soeben vertriebenen Sorte, so hätte der Tempel nicht entstehen können, so wenig als ein Wald wachsen kann, der nur aus Schlingpflanzen besteht. Diesen Menschen genügt eigentlich jeder Tummelplatz menschlicher Tätigkeit; ob sie Ingenieure, Offiziere, Kaufleute oder Wissenschaftler werden, hängt von äußeren Umständen ab.

Wenden wir aber unsere Blicke wieder denen zu, die vor dem Engel Gnade gefunden haben! Etwas sonderbare, verschlossene, einsame Kerle sind es zumeist, die einander trotz dieser Gemeinsamkeiten eigentlich weniger ähnlich sind als die aus der Schar der Vertriebenen. Was hat sie in den Tempel geführt? Die Antwort ist nicht leicht zu geben und kann gewiss auch nicht einheitlich ausfallen.

Zunächst glaube ich mit Schopenhauer, dass eines der stärksten Motive, die zu Kunst und Wissenschaft hinführen, eine Flucht ist aus dem Alltagsleben mit seiner schmerzlichen Rauheit und trostlosen Öde, aus den Fesseln der ewig wechselnden eigenen Wünsche. Es treibt den feiner Besaiteten aus dem persönlichen Dasein heraus in die ***Welt des objektiven Schauens und Verstehens;*** *es ist dies Motiv mit der Sehnsucht vergleichbar, die den Städter aus seiner geräuschvollen, unübersichtlichen Umgebung nach der stillen Hochgebirgslandschaft unwiderstehlich hinzieht, wo der weite Blick durch die stille, reine Luft gleitet und sich ruhigen Linien anschmiegt, die für die* ***Ewigkeit geschaffen*** *scheinen. Zu diesem negativen Motiv aber gesellt sich ein positives. Der Mensch sucht in ihm irgendwie adäquaterweise ein vereinfachtes und übersichtliches Bild der Welt zu gestalten und so die Welt des Erlebens zu überwinden, indem er sie bis zu einem gewissen Grade durch dies Bild zu ersetzen strebt. Dies tut der Maler, der Dichter, der spekulative Philosoph und der Naturforscher, jeder in seiner Weise. In dieses Bild und seine Gestaltung verlegt er den Schwerpunkt seines Gefühlslebens, um so Ruhe und Festigkeit zu suchen, die er im allzu engen Kreise des wirbelnden persönlichen Erlebens nicht finden kann.*

. . . .

Höchste Aufgabe des Physikers ist das Aufsuchen jener ***allgemeinsten elementaren Gesetze,*** *aus denen durch reine Deduktion das Weltbild zu gewinnen ist. Zu diesen elementaren Gesetzen führt* ***kein logischer Weg,*** *sondern nur die auf* ***Einfühlung in die Erfahrung sich stützende Intuition.*** *Bei dieser Unsicherheit der Methodik könnte man denken, dass beliebig viele, an sich gleichberechtigte Systeme der theoretischen Physik möglich wären; diese Meinung*

Abb. 21: Zu Beginn des 20. Jahrhunderts war Berlin eine Hochburg der Naturwissenschaften. Hier fünf Nobelpreisträger im Hause Max von Laues in Berlin. Von links nach rechts: Walther Nernst (Berlin), Albert Einstein (Berlin), Max Planck (Berlin), Robert Andrews Millikan (Pasadena) und Max von Laue (Berlin).

Quelle: Museum für Geschichte der Naturwissenschaften, Leiden

ist auch prinzipiell gewiss zutreffend. Aber die Entwicklung hat gezeigt, dass von den denkbaren theoretischen Konstruktionen eine ***einzige jeweilen sich als unbedingt überlegen über alle anderen erweist.*** *Keiner, der sich in den Gegenstand wirklich vertieft hat, wird leugnen, dass die Welt der Wahrnehmungen das theoretische System praktisch eindeutig bestimmt, trotzdem kein logischer Weg von den Wahrnehmungen zu den Grundsätzen der Theorie führt. Noch mehr: dies der Erfahrungswelt eindeutig zugeordnete Begriffssystem ist auf* ***wenige Grundgesetze*** *reduzierbar, aus denen das ganze System logisch entwickelt werden kann. Der Forscher sieht hier bei jedem neuen wichtigen Fortschritt seine Erwartungen übertroffen, indem jene Grundgesetze sich unter dem Drucke der Erfahrung mehr und mehr vereinfachen.* ***Mit Staunen sieht er das scheinbare Chaos in eine sublime Ordnung gefügt, die nicht auf das Walten des eigenen Geistes, sondern auf die Beschaffenheit der Erfahrungswelt zurückzuführen ist;*** *dies ist es, was Leibniz so glücklich als »prästabilierte Harmonie« bezeichnete."*

Verwendete Literatur

Einstein: Über die spezielle und allgemeine Relativitätstheorie, Vieweg
Einstein – Infeld: Die Evolution der Physik, Rowohlt
Feynman: The Feynman lectures on physics, Addison-Wesley
Gerthsen/Vogel: Physik, Springer
Heisenberg: Physik und Philosophie, Ullstein
Für seine bahnbrechenden Arbeiten zur Quantenmechanik erhielt Werner Heisenberg (1901-1976) im Jahre 1932 den Nobelpreis für Physik.
Hermann: Große Physiker, Stuttgart
Jung: Der Mensch und seine Symbole, Walter-Verlag
Laue: Aufsätze und Vorträge, Vieweg & Sohn, Braunschweig
Max von Laue (1879-1960) erhielt für den Nachweis der Beugung von Röntgenstrahlen am Kristallgitter 1914 den Nobelpreis für Physik. Die hier vorgetragene Biographie Einsteins folgt im wesentlichen den Vorträgen Laues: „Einstein und die Relativitätstheorie" und „Albert Einstein - der Schöpfer der Relativitätstheorie und Entdecker der Lichtquanten".
National Geographic Society: Our Universe, Washington, D. C.
Pais: Ich vertraue auf Intuition, Spektrum Akademischer Verlag
Planck: Vom Wesen der Willensfreiheit, Fischer
Max Planck (1858-1947) gelang es, das richtige Gesetz für die spektrale Energieverteilung der Strahlung eines schwarzen Körpers aufzustellen. Er musste dabei die Annahme machen, dass Aufnahme und Abgabe von Energie unstetig, in Energiequanten, erfolgt. Die in der Strahlung vorhandenen Energiequanten besitzen die Energie $E = h\nu$, h heißt die Plancksche Konstante, ν ist die Frequenz der Strahlung. Die Ableitung seiner Strahlungsformel trug Planck am 14.12.1900 der Deutschen Physikalischen Gesellschaft vor. Von diesem Tage an datiert die Quantentheorie. Planck erhielt für diese Leistung 1918 den Nobelpreis für Physik.
Pohl: Elektrizitätslehre, Springer Verlag
Sugimoto: Albert Einstein, Moos & Partner
Tipler: Physik, Spektrum Akademischer Verlag
Weidlich: Wie verschieden sind Natur- und Geisteswissenschaft?, CIVIS 4 (1988)

Rechenbeispiele

Die folgenden Rechenbeispiele sollen vor allem ein Gefühl dafür vermitteln, bis zu welchen Geschwindigkeiten v man **klassisch** und ab wann man **relativistisch** rechnen muss.

Relativistische Massenzunahme

1 Untersuche die Formel $m = m_0 / \sqrt{1 - \frac{v^2}{c^2}}$ genauer. Setze dazu $y = \frac{m}{m_0} = 1 / \sqrt{1 - \frac{v^2}{c^2}}$.
In Abb. 22 ist y als Funktion von v aufgetragen.

$v = 0{,}1\,c \longrightarrow y = \frac{m}{m_0} = \frac{1}{\sqrt{1 - 0{,}01}} = \mathbf{1{,}005}$

$v = 0{,}5\,c \longrightarrow y = \frac{m}{m_0} = \frac{1}{\sqrt{1 - 0{,}25}} = \mathbf{1{,}15}$

$v = 0{,}8\,c \longrightarrow y = \frac{m}{m_0} = \frac{1}{\sqrt{1 - 0{,}64}} = \mathbf{1{,}67}$

$v = 0{,}9\,c \longrightarrow y = \frac{m}{m_0} = \frac{1}{\sqrt{1 - 0{,}81}} = \mathbf{2{,}29}$

$v = 0{,}99c \longrightarrow y = \frac{m}{m_0} = \frac{1}{\sqrt{1 - 0{,}9801}} = \mathbf{7{,}09}$

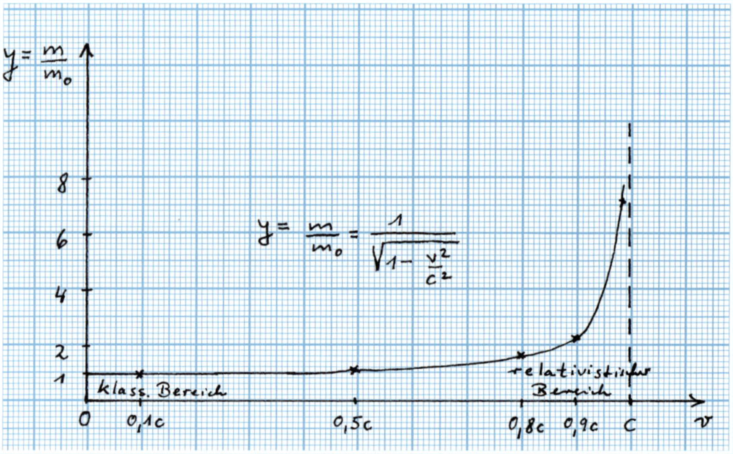

Quelle: Wünschmann

Abb. 22: y = m / m_0 als Funktion der Geschwindigkeit v. Für kleine Geschwindigkeiten ist m ≈ m_0. Für v → c geht m → ∞.

Wir sehen: **Im Bereich kleiner Geschwindigkeiten** = klassischer Bereich ist die Masse des Teilchens praktisch konstant, also $m \approx m_0$, die zugeführte Energie z. B. in einem Beschleuniger, wird dazu verwendet, **die Geschwindigkeit v zu erhöhen.**

Im Bereich sehr hoher Geschwindigkeit = relativistischer Bereich steigt bei weiterer Energiezufuhr die Geschwindigkeit des Teilchens nur noch wenig an, die zugeführte Energie wird vielmehr dazu verwendet, **die Masse des Teilchens zu erhöhen.**

Geht im Grenzfall $v \to c$, so wird $y = \frac{m}{m_0} \to \infty$.

In den großen Teilchenbeschleunigern der Welt – z.B. CERN, DESY, Stanford – werden geladene Teilchen wie Elektronen oder Protonen auf sehr hohe Geschwindigkeiten gebracht. Diese haben dann eine Masse, die die Ruhmasse um ein Vielfaches übersteigt. Lässt man diese sehr schnellen Teilchen aufeinander prallen, so kann ihre weit über der Ruhmasse liegende „relativistische" Masse in eine Vielzahl **neuer Elementarteilchen** umgewandelt werden.

Herleitung der Formel $m = m_0 / \sqrt{1-\beta^2}$

2 Die relativistische Massenzunahme ist ein besonders wichtiges Ergebnis der speziellen Relativitätstheorie. Viele elementaren Beweise der speziellen Relativitätstheorie laufen über das Einsteinsche Additionsgesetz der Geschwindigkeiten. Zeige, dass sich die Formel $m = m_0 / \sqrt{1-\beta^2}$ aus dem **Einsteinschen Additionsgesetz der Geschwindigkeiten in Verbindung mit dem Impulssatz** ergibt.

Dazu führen wir ein **idealisiertes Gedankenexperiment** durch:

Zwei Raketen, die aus zwei genau identischen Teilen A und B bestehen, werden im luftleeren Raum gezündet und fliegen - nachdem der Beschleunigungsvorgang beendet ist - nach dem Impulssatz mit der konstanten Geschwindigkeit $\pm$ v auseinander. Der Schwerpunkt S des Systems bleibt erhalten und hat die Geschwindigkeit $v_s = 0$.

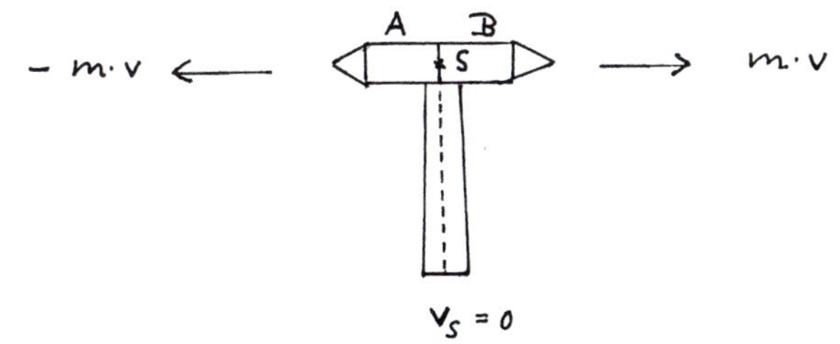

Was sagt ein Beobachter in der Rakete A nach der Newtonschen Physik?

Er stellt fest:

Der Schwerpunkt S der Raumstation fliegt mit v nach rechts. Das Schwesternschiff B fliegt nach der alten Newtonschen Additionsregel der Geschwindigkeiten mit 2 v nach rechts.

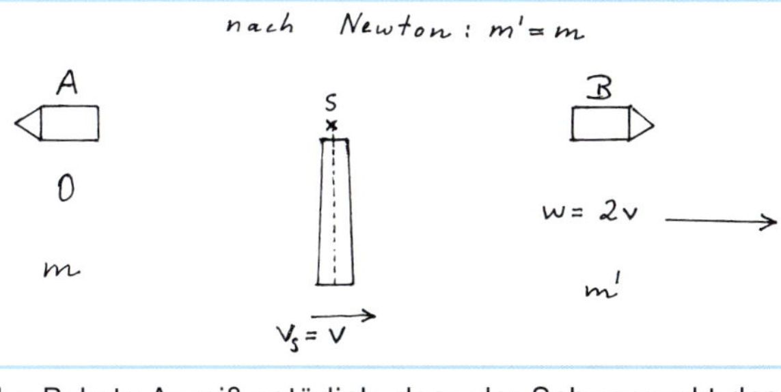

Der Beobachter in der Rakete A weiß natürlich, dass der Schwerpunkt des Systems A + B immer noch in S liegt, denn Wechselwirkungen zwischen A und B sind objektive Tatsachen von absoluter Bedeutung auch für ihn und solche Wechselwirkungen dürfen den Schwerpunkt **nicht** verschieben. Er findet die Relation:

$$m\,v\,t = m'\,(w - v)\,t = m'\,(2v - v)\,t = m'\,v\,t \longrightarrow \mathbf{m' = m}$$

Der klassische Beobachter in Rakete A stellt nach Newton für A und B gleiche Massen fest.

Was sagt ein Beobachter in der Rakete A nach der speziellen Relativitätstheorie?

Er stellt fest:

Der Schwerpunkt S der Raumstation fliegt auch bei ihm mit v nach rechts,

denn für $v_s = 0$ ist $\dfrac{v + v_s}{1 + v v_s / c^2} = v$.

Jetzt kommt der springende Punkt:

Das Schwesternschiff B fliegt aber **nicht** mit 2 v, sondern nach dem Einsteinschen Additionsgesetz mit der kleineren Geschwindigkeit

$$w = \frac{v+v}{1+\frac{v \cdot v}{c^2}} = \frac{2\,v}{1+\frac{v^2}{c^2}} \quad \text{nach rechts.}$$

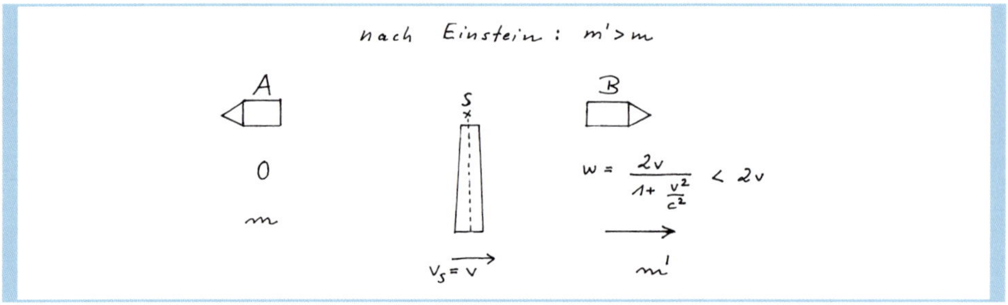

Da der Schwerpunkt S von A aus gesehen mehr als halb so schnell fliegt wie B, befindet sich S in jedem Zeitpunkt näher an B als an A. Da aber der Schwerpunkt S **nicht** verschoben werden darf, ist dies nur möglich, wenn B eine größere Masse m′ als A hat. Wie groß ist m′?

Es muss die Relation gelten:

$$m\,v\,t = m'\,(w-v)\,t = m'\left(\frac{2v}{1+\frac{v^2}{c^2}} - v\right) t$$

$$\longrightarrow \quad m' = m \cdot \frac{v}{\frac{2v}{1+\frac{v^2}{c^2}} - v} = m\,\frac{c^2+v^2}{c^2-v^2}$$

Nun ist es sinnvoll, m′ durch seine eigene Geschwindigkeit w auszudrücken, statt durch v, die des Schwerpunkts.

Man zeigt leicht, dass für $w = \frac{2\,v}{1+\frac{v^2}{c^2}}$ gilt:

$$\frac{1}{\sqrt{1-\frac{w^2}{c^2}}} = \frac{c^2+v^2}{c^2-v^2} \cdot \text{ Denn es ist: } w = \frac{2\,v\,c^2}{c^2+v^2} \longrightarrow \frac{w^2}{c^2} = \frac{4\,v^2\,c^2}{(c^2+v^2)^2} \quad \text{also}$$

$$\frac{1}{\sqrt{1-\frac{4\,v^2\,c^2}{(c^2+v^2)^2}}} = \frac{c^2+v^2}{\sqrt{(c^2+v^2)^2-4\,v^2\,c^2}} = \frac{c^2+v^2}{\sqrt{c^4-2\,v^2\,c^2+v^4}} = \frac{c^2+v^2}{\sqrt{(c^2-v^2)^2}} = \frac{c^2+v^2}{c^2-v^2}$$

Damit erhalten wir: $m' = \frac{m}{\sqrt{1-\frac{w^2}{c^2}}}$. Mit $\beta = \frac{w}{c}$ kommen wir zu dem Ergebnis:

A stellt also in der Tat fest, dass B die größere Masse $\mathbf{m' = m / \sqrt{1-\beta^2}}$ hat.

Dieses Ergebnis ist eine Konsequenz des Einsteinschen Additionsgesetzes der Geschwindigkeiten und des Impulserhaltungssatzes.

Äquivalenz von Masse und Energie

3 Auf Seite 31 hatten wir die Formel $(1+x)^n = 1 + nx + \frac{n}{2}(n-1)\,x^2 + ...$ verwendet. Beweise diese Formel mittels Differentialrechnung. Dazu machen wir den Ansatz
$y = (1+x)^n = a_0 + a_1 x + a_2 x^2 + a_3 x^3 + ... + a_n x^n$ und bestimmen a_0, a_1, a_2.

Für $x = 0 \longrightarrow$ $\mathbf{a_0 = 1}$

$y' = n\,(1+x)^{n-1} = a_1 + 2a_2\,x + 3a_3\,x^2 + ...\; n\,a_n\,x^{n-1}$

Für $x = 0 \longrightarrow$ $\mathbf{a_1 = n}$

$y'' = n\,(n-1)\,(1+x)^{n-2} = 2a_2 + 6a_3\,x + ...\; n\,(n-1)\,a_n\,x^{n-2}$

Für $x = 0 \longrightarrow n\,(n-1) = 2a_2$ $\quad$ $\mathbf{a_2 = \frac{n}{2}\,(n-1)}$. $\quad$ Damit ist alles bewiesen.

4 Zeige, dass die Formel für die relativistische kinetische Energie für kleine Geschwindigkeiten in die klassische Formel übergeht:

$E_{kin.} = (m - m_0)\,c^2 \approx \frac{1}{2}\,m_0\,v^2$ für $v \ll c$.

Dazu verwenden wir obige Reihenentwicklung und setzen $n = -\frac{1}{2}$ und $x = -\frac{v^2}{c^2}$

$$E_{kin.} = \left(\frac{m_0}{\sqrt{1-\frac{v^2}{c^2}}} - m_0\right)c^2 = m_0\,c^2\left[\left(1-\frac{v^2}{c^2}\right)^{-\frac{1}{2}} - 1\right]$$

$$= m_0\,c^2\left[1 + \left(-\frac{1}{2}\right)\cdot\left(-\frac{v^2}{c^2}\right) + \frac{1}{2}\left(-\frac{1}{2}\right)\left(-\frac{3}{2}\right)\left(+\frac{v^4}{c^4}\right) + ...\,-1\right]$$

$$= \frac{\mathbf{1}}{\mathbf{2}}\,\mathbf{m_0\,v^2} + \underbrace{\frac{3}{8}\,m_0\,\frac{v^4}{c^2} + ...}_{\approx\,0 \text{ für } v \ll c}$$

und wir erhalten für $v \ll c$ den klassischen Ausdruck für die kinetische Energie.

5 Ein Teilchen bewege sich mit einer Geschwindigkeit von 0,1 c und dann mit 0,9 c. Berechne seine kinetische Energie klassisch und relativistisch. Bestimme den jeweiligen Korrekturfaktor $E_{kin.}^{rel.} / E_{kin.}^{klass.}$

$$E_{kin.}^{rel.} = (m - m_0)\,c^2 = \left(\frac{1}{\sqrt{1-\frac{v^2}{c^2}}} - 1\right)m_0\,c^2 = \left(\frac{1}{\sqrt{1-0{,}01}} - 1\right)m_0\,c^2 = 0{,}005038\;m_0\,c^2$$

$$E_{kin.}^{klass.} = \frac{1}{2}\,m_0\,v^2 = \frac{1}{2}\,m_0\,v^2\cdot\frac{c^2}{c^2} = \frac{1}{2}\,\frac{v^2}{c^2}\,m_0\,c^2 = \frac{1}{2}\;0{,}01\;m_0\,c^2 = 0{,}005\;m_0\,c^2.$$

Für $v = 0{,}1$ c ist der Unterschied zwischen $E_{kin.}^{rel.}$ und $E_{kin.}^{klass.}$ sehr gering, der Korrekturfaktor beträgt 0,005038 / 0,005 = **1,0076.**
Anders sieht es für $v = 0{,}9\,c$ aus:

$$E_{kin.}^{rel.} = (m - m_0)\,c^2 = \left(\frac{1}{\sqrt{1-\frac{v^2}{c^2}}} - 1\right)m_0\,c^2 = \left(\frac{1}{\sqrt{1-0{,}81}} - 1\right)m_0\,c^2 = 1{,}2942\;m_0\,c^2$$

$$E_{kin.}^{klass.} = \frac{1}{2}\,m_0\,v^2 = \frac{1}{2}\,m_0\,v^2\cdot\frac{c^2}{c^2} = \frac{1}{2}\,\frac{v^2}{c^2}\,m_0\,c^2 = \frac{1}{2}\;0{,}81\;m_0\,c^2 = 0{,}405\;m_0\,c^2.$$

Für $v = 0{,}9$ c ist also der Unterschied zwischen $E_{kin.}^{rel.}$ und $E_{kin.}^{klass.}$ beachtlich, der Korrekturfaktor beträgt 1,2942 / 0,405 = **3,196.**

6 Ein Elektron mit Ruhenergie 0,511 MeV besitze eine Gesamtenergie von E = 5 MeV. Berechne die Geschwindigkeit v.

Es gilt $E = mc^2 = \dfrac{m_0\, c^2}{\sqrt{1 - \dfrac{v^2}{c^2}}} \longrightarrow E^2 = \dfrac{m_0^2\, c^4}{1 - \dfrac{v^2}{c^2}} \longrightarrow \dfrac{v}{c} = \sqrt{1 - \dfrac{m_0^2\, c^4}{E^2}}$

Werte eingesetzt: $v = \sqrt{1 - \dfrac{0{,}511^2}{5^2}}\; c = \mathbf{0{,}995\, c}$ Das Elektron bewegt sich mit 99,5 % der Lichtgeschwindigkeit.

7 Eine Wassermenge von 1000 t werde um 50° C erwärmt. Berechne den Masssenzuwachs.

$$\Delta\, m = \frac{\Delta\, E}{c^2} = \frac{10^6 \cdot 50 \text{ kcal}}{9 \cdot 10^{16}\ m^2/sec^2} = \frac{10^6 \cdot 50 \cdot 4{,}19 \cdot 10^3 \text{ Joule}}{9 \cdot 10^{16}\ m^2/sec^2} = \mathbf{2{,}3\ mg}$$

Der Massenzuwachs beträgt 2,3 mg. Ein Körper im wärmeren Zustand besitzt also nach Einstein eine etwas größere Masse als im kälteren.

8 Die Sonne strahlt in jeder Sekunde $3{,}7 \cdot 10^{26}$ Joule in den Weltraum ab (Abb. 3). Wie groß ist ihr Massenverlust pro Sekunde?

$$\Delta\, m = \frac{\Delta\, E}{c^2} = \frac{3{,}7 \cdot 10^{26}\ kg\ m^2/sec^2}{9 \cdot 10^{16}\ m^2/sec^2} = \frac{37}{9}\ 10^9\ kg \approx \mathbf{4 \cdot 10^6\ t}$$

Die Sonne wird in jeder Sekunde etwa **4 Millionen Tonnen** leichter.

9 Bei der Spaltung von einem U-235 Kern werden etwa 200 MeV Energie frei (Abb. 4). Wie groß ist der Massenverlust bei der vollständigen Spaltung von 1 kg U-235?

1 kg U-235 enthält $\dfrac{L}{235} = \dfrac{6 \cdot 10^{26}}{235}$ U-235 Kerne (L = Loschmidtsche Zahl).

$$\Delta\, m = \frac{\Delta\, E}{c^2} = \frac{6 \cdot 10^{26} \cdot 200 \cdot 1{,}6 \cdot 10^{-13} \text{ Joule}}{235 \cdot 9 \cdot 10^{16}\ m^2/sec^2} = \frac{19{,}2 \cdot 10^{15}}{2115 \cdot 10^{16}}\ kg = 0{,}0009\ kg = \mathbf{0{,}9\ g}$$

Bei der vollständigen Spaltung von 1 kg U-235 entsteht ein Massendefekt von 0,9 g.

10 Ein Wasserstoffatom besteht aus einem Proton und einem Elektron und hat im Grundzustand eine Bindungsenergie von 13,6 eV, d. h. 13,6 eV müssen aufgewendet werden, um das H-Atom vollständig in seine Bestandteile zu trennen (Ionisierungsenergie). Um wieviel Prozent ist die Summe der Ruhmassen des Protons und des Elektrons größer als die des Wasserstoffatoms?

Nach der Gleichung $\Delta\, m = \Delta\, E / c^2$ liegt die Masse des Wasserstoffatoms um $\Delta m = 13{,}6\ eV / c^2$ niedriger. Die Summe der Ruhenergien des Protons und Elektrons ist 938,28 MeV + 0,511 MeV = 938,791 MeV, die Summe ihrer Ruhmassen also 938,791 MeV / c^2.

Also ergibt sich: $\dfrac{\Delta\, m}{m_0^{proton} + m_0^{elektron}} = \dfrac{13{,}6\ eV/c^2}{938{,}791 \cdot 10^6\ eV/c^2} = 1{,}45 \cdot 10^{-8} = \mathbf{1{,}45 \cdot 10^{-6}\,\%}$

Die Ruhmasse des Wasserstoffatoms im Grundzustand ist um $1{,}45 \cdot 10^{-6}$ % geringer als die Summe der Ruhmassen von Proton und Elektron - ein Effekt, der praktisch nicht messbar ist.

11 Ein ruhendes Proton-Antiproton-Paar zerstrahlt. Wegen der Impulserhaltung entstehen zwei γ-Quanten: $p^+ + p^- \longrightarrow \gamma + \gamma$. Berechne ihre Wellenlänge. Ruhenergie des Protons bzw. Antiprotons = 938 MeV.

$$\lambda = \frac{c}{\nu} = \frac{h \cdot c}{h \cdot \nu} = \frac{h \cdot c}{E_\gamma} = \frac{6{,}625 \cdot 10^{-34} \text{ Joule} \cdot \text{sec} \cdot 3 \cdot 10^8\ m}{938 \cdot 1{,}6 \cdot 10^{-13} \text{ Joule sec}} = \mathbf{1{,}32 \cdot 10^{-15}\ m}$$

Die Wellenlänge λ beträgt $1{,}32 \cdot 10^{-15}$ m, hat also die Größenordnung des Protonenradius.

Lorentzkontraktion

12 Seit Einstein wissen wir, dass die Länge eines Objektes keine absolute Größe mehr ist, sondern vom Bewegungszustand von Objekt und Beobachter abhängt. In dem Linearbeschleuniger der Universität Stanford in Kalifornien werden Elektronen auf eine kinetische Endenergie von 50 GeV (1 GeV = 10^3 MeV) beschleunigt. Die Länge dieses Beschleunigers beträgt $L_0 = 3$ km, wenn wir uns in diesem Institut aufhalten. Auf welche Länge schrumpft der Linearbeschleuniger zusammen, wenn wir uns mit den 50 GeV-Elektronen bewegen?

Es gilt $E = mc^2 = m_0 c^2 / \sqrt{1-\beta^2} = E_0 + E_{kin} = m_0 c^2 + 50\,000$ MeV

Die Ruhenergie des Elektrons beträgt etwa $E_0 = m_0 c^2 \approx 0{,}5$ MeV, d. h.

$$m_0 c^2 / \sqrt{1-\beta^2} = m_0 c^2 + 100\,000\, m_0 c^2 \approx 100\,000\, m_0 c^2 \longrightarrow \sqrt{1-\beta^2} = 10^{-5}$$

$$L = L_0 \sqrt{1-\beta^2} \longrightarrow L = 3 \text{ km} \cdot 10^{-5} = \mathbf{3\ cm}$$

Für die 50 GeV-Elektronen am Ende ihrer Beschleunigung ist die Länge des Beschleunigers lediglich 3 cm, gesehen vom Ruhsystem der Elektronen.

Relativistische Zeitdehnung

13 Die mittlere Eigenlebensdauer eines Pions ist $\tau_0 = 2{,}6 \cdot 10^{-8}$ sec. Ein Pionenstrahl habe die Geschwindigkeit v = 0,85 c. Wie groß ist die im Laborsystem gemessene Lebensdauer τ? Welche Strecke legen die Pionen im Mittel vor ihrem Zerfall zurück? Wie groß ist diese Strecke, wenn die Zeitdilatation vernachlässigt wird?
Die mittlere Lebensdauer τ ist die Zeit, in der die Anzahl der zerfallenden Teilchen auf $\frac{1}{e} \approx$ 37 % abnimmt (e = 2,718... Eulersche Zahl).

$$\tau = \tau_0 / \sqrt{1-\beta^2} = 2{,}6 \cdot 10^{-8} \text{ sec} / \sqrt{1-0{,}85^2} = \frac{2{,}6 \cdot 10^{-8} \text{ sec}}{0{,}5268} = \mathbf{4{,}94 \cdot 10^{-8}\ sec}$$

$$s_{relativ.} = v \cdot \tau = 0{,}85c \cdot 4{,}94 \cdot 10^{-8}\text{sec} = 0{,}85 \cdot 3 \cdot 10^8 \text{ m/sec} \cdot 4{,}94 \cdot 10^{-8}\text{sec} = \mathbf{12{,}6\ m}$$

$$s_{klass.} = v \cdot \tau_0 = 0{,}85c \cdot 2{,}6 \cdot 10^{-8} \text{ sec} = 0{,}85 \cdot 3 \cdot 10^8 \text{ m/sec} \cdot 2{,}6 \cdot 10^{-8} \text{ sec} = \mathbf{6{,}63\ m}$$

Mit Zeitdilatation beträgt der Weg 12,6 m, ohne Zeitdehnung nur 6,63 m.

14 Ein Passagier befindet sich in einem Flugzeug, das mit der gleichförmigen Geschwindigkeit von v = 2000km/h fliegt (S' - System). Wie lange muss der Passagier fliegen, damit seine Uhr gegenüber einer im S-System ruhenden Uhr 1 Sekunde „verliert"?
Misst der Passagier die Flugeigenzeit Δt_0, so soll also der Beobachter im S-System die Zeit $\Delta t_0 + 1$ sec registrieren. Es gilt:

$$\Delta t = \Delta t_0 + 1 \text{ sec} = \Delta t_0 / \sqrt{1-\beta^2} = \Delta t_0 \left(1 - \frac{v^2}{c^2}\right)^{-\frac{1}{2}} \approx \Delta t_0 + \frac{1}{2} \frac{v^2}{c^2} \Delta t_0$$

$$\longrightarrow \Delta t_0 = 2 \frac{c^2}{v^2} \text{ sec. Da } \frac{c}{v} = \frac{3 \cdot 10^5 \frac{\text{km}}{\text{sec}}}{2 \cdot 10^3 \frac{\text{km}}{\text{h}}} = \frac{3 \cdot 10^5 \cdot 3600}{2 \cdot 10^3} = 5{,}4 \cdot 10^5$$

$$\longrightarrow \Delta t_0 = 2 \cdot 5{,}4^2 \cdot 10^{10} \text{sec} = 5{,}83 \cdot 10^{11} \text{sec} = \frac{5{,}83 \cdot 10^{11}}{365 \cdot 24 \cdot 60 \cdot 60} \text{ Jahre} \approx \mathbf{18\,500\ Jahre}$$

Erst nach einer Flugzeit von 18 500 Jahren ergibt sich eine Zeitdifferenz von 1 sec. Die relativistische Zeitdehnung spielt also bei den Geschwindigkeiten im Alltagsleben keine Rolle.

Relativistischer Dopplereffekt

15 Ein Weltraumfahrer fliegt von der Erde zu einem Fixstern und zurück mit der gleichförmigen Geschwindigkeit v = 0,8 c. Er steht mit der Bodenstation auf der Erde in laufendem Funkkontakt, die elektromagnetische Wellen der Frequenz ν_0 sendet. Welche Frequenz registriert der Astronaut beim Hinflug zum Fixstern und beim Rückflug zur Erde?

Mit $\beta = \frac{v}{c} = 0{,}8$ ergibt sich:

$$\text{Hinflug:} \quad \nu' = \frac{\nu_0 \sqrt{1-\beta^2}}{1+\beta} = \frac{\nu_0 \sqrt{1-0{,}64}}{1+0{,}8} = \frac{\nu_0 \cdot 0{,}6}{1{,}8} = \mathbf{\frac{1}{3}}\,\nu_0$$

$$\text{Rückflug:} \quad \nu' = \frac{\nu_0 \sqrt{1-\beta^2}}{1-\beta} = \frac{\nu_0 \sqrt{1-0{,}64}}{1-0{,}8} = \frac{\nu_0 \cdot 0{,}6}{0{,}2} = \mathbf{3}\,\nu_0$$

Beim Flug zum Fixstern registriert er die Frequenz 1 / 3 ν_0, beim Rückflug zur Erde 3 ν_0.

Relativistischer Impuls

16 In der speziellen Relativitätstheorie ist der Impuls eines Teilchens nicht $p_{klass.} = m_o\, v$, sondern $p_{rel.} = m_0 v \,/\, \sqrt{1-\frac{v^2}{c^2}}$. Zeichne $p_{klass.}$ und $p_{rel.}$ als Funktion der Geschwindigkeit v.

$$v = 0{,}1\,c \longrightarrow p_{rel.} = \frac{m_0 \cdot 0{,}1\,c}{\sqrt{1-0{,}01}} = \mathbf{0{,}1005\ m_0\,c}$$

$$v = 0{,}5\,c \longrightarrow p_{rel.} = \frac{m_0 \cdot 0{,}5\,c}{\sqrt{1-0{,}25}} = \mathbf{0{,}577\ m_0\,c}$$

$$v = 0{,}8\,c \longrightarrow p_{rel.} = \frac{m_0 \cdot 0{,}8\,c}{\sqrt{1-0{,}64}} = \mathbf{1{,}33\ m_0\,c}$$

$$v = 0{,}9\,c \longrightarrow p_{rel.} = \frac{m_0 \cdot 0{,}9\,c}{\sqrt{1-0{,}81}} = \mathbf{2{,}065\ m_0\,c}$$

$$v = 0{,}99\,c \longrightarrow p_{rel.} = \frac{m_0 \cdot 0{,}99\,c}{\sqrt{1-0{,}9801}} = \mathbf{7{,}02\ m_0\,c}$$

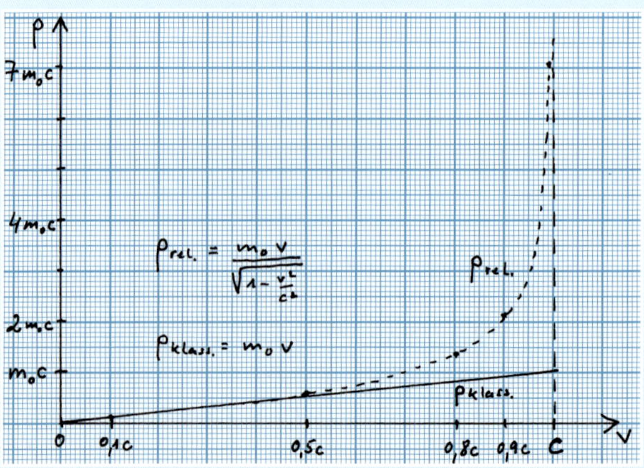

Abb. 23: Klassischer Impuls $p_{klass.}$ und relativistischer Impuls $p_{rel.}$ als Funktion von v. Für v → c geht der klassische Impuls → m_0 c, während der relativistische Impuls → ∞ geht.

Quelle: Wünschmann

17 Leite die Beziehung zwischen Gesamtenergie E, relativistischem Impuls p und Ruhenergie $E_0 = m_0 c^2$ her.

Zunächst ist: $m = \frac{m_0}{\sqrt{1 - \frac{v^2}{c^2}}} \longrightarrow m c^2 = \frac{m_0 c^2}{\sqrt{1 - \frac{v^2}{c^2}}} \longrightarrow m^2 c^4 = \frac{m_0^2 c^4}{1 - \frac{v^2}{c^2}}$

$\longrightarrow m^2 c^4 - m^2 c^2 v^2 = m_0^2 c^4$ da $p = m \cdot v \longrightarrow m^2 c^4 - p^2 c^2 = m_0^2 c^4$

Da $E = m c^2$ = Gesamtenergie und $E_0 = m_0 c^2$ = Ruhenergie $\longrightarrow$ $\mathbf{E^2 = p^2 c^2 + E_0^2}$**.**

Dies ist die relativistisch korrekte Relation zwischen Gesamtenergie E, Ruhenergie E_0 und relativistischem Impuls p.

18 Die Gesamtenergie eines Teilchens sei doppelt so groß wie seine Ruhenergie. Berechne den Impuls des Teilchens.

$E^2 = E_0^2 + p^2 c^2 \longrightarrow (2 E_0)^2 = E_0^2 + p^2 c^2 \longrightarrow p^2 c^2 = 3 E_0^2 = 3 m_0^2 c^4$

$\longrightarrow$ $\mathbf{p = \sqrt{3} \cdot m_0 c}$**.** Der Impuls des Teilchens beträgt $\sqrt{3}\ m_0 c$.

19 Zeige, dass aus der Relation $E^2 = p^2 c^2 + E_0^2$ folgt, dass Photonen den Impuls $p = \frac{h\nu}{c}$ haben.

Photonen haben die Energie $E = h\nu$ und die Ruhmasse $m_0 = 0$, d. h. $E_0 = 0$.

Daraus folgt: $E = h\nu = p c \longrightarrow$ $\mathbf{p = \frac{h\nu}{c}}$.

Die Beziehungen $E = h\nu$ und $p = \frac{h\nu}{c}$ für Photonen sind durch das Experiment, z. B. durch den Compton-Effekt, bestens bestätigt worden.

Erhaltungssätze und Materialisation von Strahlung

20 Ein energiereiches γ-Photon kann sich in ein Elektronenpaar (Elektron + Positron) umwandeln (Abb. 2). Zeige, dass dieser Prozess **nicht** im Vakuum möglich ist, da der Impulserhaltungssatz verletzt wäre. Rechne relativistisch.

Ladungserhaltung ist erfüllt: $0 = (+q) + (-q)$

Energieerhaltungssatz ist erfüllt: $h\nu = \frac{m_0 c^2}{\sqrt{1 - \frac{v_1^2}{c^2}}} + \frac{m_0 c^2}{\sqrt{1 - \frac{v_2^2}{c^2}}} = m_1 c^2 + m_2 c^2$

Der Impulserhaltungssatz ist aber **nicht** erfüllt, denn aus dem Energiesatz folgt für den Photonenimpuls: $\frac{h\nu}{c} = m_1 c + m_2 c$.

Diese Bedingung ist nicht zu erfüllen, da die Impulse des Elektronenpaares die Werte haben: $p_1 = m_1 v_1$ und $p_2 = m_2 v_2$.

Liegen p_1 und p_2 günstigstenfalls in Richtung des Photonenimpulses, so könnte das Elektronenpaar **maximal** den Impuls $\mathbf{p_1 + p_2 = m_1 v_1 + m_2 v_2}$ aufnehmen.

Der Photonenimpuls beträgt aber $\mathbf{\frac{h\nu}{c} = m_1 c + m_2 c > p_1 + p_2}$.

Da aber stets $c > v$, so verbleibt ein Impulsüberschuss, der nicht aufgenommen werden kann. Dazu wäre ein Stoßpartner nötig. Daher läuft der Vorgang in einer Pb-Platte ab. Der Pb-Kern nimmt den Impulsüberschuss auf. Im Vakuum ist Paarbildung **nicht** möglich.

Geladene Teilchen im homogenen Magnetfeld

21 Ein Elektron der Ladung q bewege sich mit der Geschwindigkeit **v** senkrecht zu einem homogenen Magnetfeld der Stärke **B**. Dann führt die Lorentzkraft **F** = q **v** x **B** zu einer Kreisbahn mit dem Radius R (Skizze). Das Elektron habe die kinetische Energie von 1,5 MeV, die magnetische Kraftflussdichte **B** betrage $5 \cdot 10^{-3}$ T (1 T = 1 Tesla = 1 V sec/m²). Berechne den Bahnradius R zunächst klassisch, dann relativistisch. Bestimme den Korrekturfaktor $\alpha = R_{relativ.} / R_{klass.}$

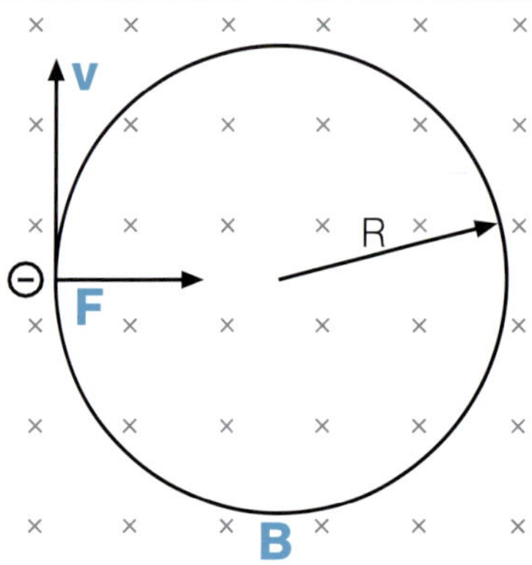

*Die Vektoren **B, v, F** stehen senkrecht aufeinander: Das Magnetfeld **B** zeige in die Papierebene hinein, was durch Kreuze angedeutet ist. Das Elektron ⊖ bewege sich mit **v** senkrecht zu dem homogenen Magnetfeld. Dann zwingt die Lorentzkraft **F** = q **v** x **B** das Elektron auf eine Kreisbahn.*

Es gilt: $\frac{mv^2}{R} = q\ v \cdot B \longrightarrow \frac{mv}{R} = q \cdot B \longrightarrow R = \frac{mv}{q \cdot B} = \frac{p}{q \cdot B}$

Rechnen wir klassisch, so ist $p_{klass.} = m_0 v$ und $R_{klass.} = \frac{p_{klass.}}{q \cdot B}$

$E_{kin.} = \frac{p^2_{klass.}}{2\ m_0} \longrightarrow p_{klass.} = \sqrt{2\ m_0 \cdot E_{kin.}}$ Werte eingesetzt:

$$p_{klass.} = \sqrt{2 \cdot 9{,}1 \cdot 10^{-31}\ \text{kg} \cdot 1{,}5 \cdot 1{,}6 \cdot 10^{-13}\ \text{Joule}} = 6{,}61 \cdot 10^{-22}\ \text{kg m / sec}$$

Damit ergibt sich: $R_{klass.} = \frac{p_{klass.}}{q \cdot B} = \frac{6{,}61 \cdot 10^{-22}\ \text{kg m / sec}}{1{,}6 \cdot 10^{-19}\ \text{Cb} \cdot 5 \cdot 10^{-3}\ \text{Vsec / m}^2} = \mathbf{0{,}826\ m}$

Für die relativistische Rechnung benutzen wir die Formeln

$$E = E_0 + E_{kin.} = 0{,}511\ \text{MeV} + 1{,}5\ \text{MeV} = 2{,}011\ \text{MeV und } E^2 = E_0^2 + p^2 c^2 \longrightarrow$$

$$p_{relativ.} = \frac{\sqrt{E^2 - E_0^2}}{c} = \frac{\sqrt{4{,}044 - 0{,}261}\ \text{MeV}}{3 \cdot 10^8\ \text{m / sec}} = \frac{1{,}945 \cdot 1{,}6 \cdot 10^{-13}\ \text{Joule}}{3 \cdot 10^8\ \text{m / sec}}$$

$$= 10{,}373 \cdot 10^{-22}\ \text{kg m / sec} \longrightarrow R_{relativ.} = \frac{p_{relativ.}}{q \cdot B} = \frac{10{,}373 \cdot 10^{-22}}{1{,}6 \cdot 10^{-19} \cdot 5 \cdot 10^{-3}}\ \text{m} = \mathbf{1{,}30\ m}$$

Der klassische Radius der Kreisbahn beträgt 0,826 m, der relativistische Radius 1,30 m. Der relativistisch gerechnete Radius weicht vom klassischen beachtlich ab, der Korrekturfaktor ist $\alpha = R_{relativ.} / R_{klass.} = 1{,}3 / 0{,}826 = 1{,}57$.

22 Im Synchrotron laufen geladene Teilchen auf einer **vorgeschriebenen kreisförmigen Sollbahn** mit Radius R_s. Das magnetische Führungsfeld B steht senkrecht zur Bahn und muss wegen der relativistischen Massenzunahme der Teilchen zeitlich anwachsen. An einer oder einigen Stellen der Bahn erfolgt die Beschleunigung durch ein hochfrequentes elektrisches Wechselfeld (Abb. 24). In CERN werden Protonen im Synchrotron auf E = 30 GeV Endenergie gebracht (Inbetriebnahme 1959). Wie groß ist R_s, wenn bei Erreichen der Endenergie das magnetische Führungsfeld $B_{max.} = 1$ Tesla = 1 Vsec/m² beträgt?

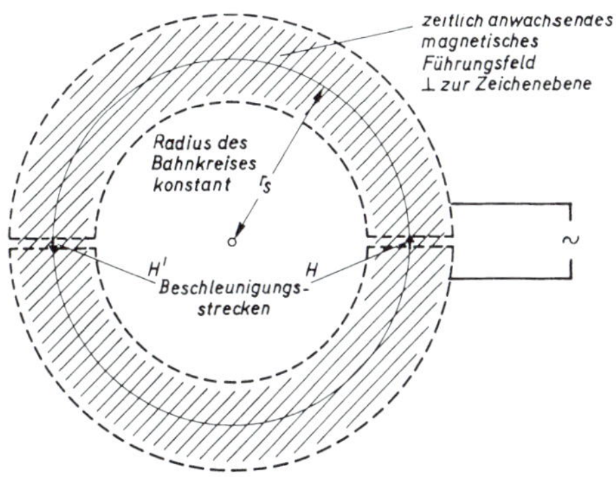

Abb. 24:
Prinzip des Synchrotrons. *Während im Zyklotron die Teilchen sich ihre Bahn im magnetischen Führungsfeld selber suchen, ist im Synchrotron eine* ***ganz enge Sollbahn*** *vorgeschrieben. Das magnetische Führungsfeld kann so auf einen engen Raum beschränkt werden und muss mit zunehmender Teilchenenergie nach einem sehr exakten Programm anwachsen, was nur im Impulsbetrieb gelingt.*

Quelle: Kollath, Teilchenbeschleuniger, Vieweg-Verlag

Es gilt: $E^2 = E_0{}^2 + p^2 c^2$.
Für den **extrem relativistischen** Bereich ist $p^2 c^2 >> E_0{}^2 \longrightarrow E \approx pc \longrightarrow p \approx \frac{E}{c}$

Für eine gleichförmige Kreisbewegung ist Zentripetalkraft = Lorentzkraft:

$$\frac{mv^2}{R_s} = q \cdot v \cdot B_{max.} \longrightarrow R_s = \frac{p}{q \cdot B_{max.}} = \frac{E}{q \cdot B_{max.} \cdot c}$$

R_s nimmt also proportional mit E zu: will man die Endenergie E der Teilchen verdoppeln, muss man bei vorgegebenem $B_{max.}$ den Radius verdoppeln! Wir wollen jetzt R_s ausrechnen und berücksichtigen, dass

1 GeV = 10^3 MeV = $1{,}6 \cdot 10^{-10}$ Joule ist:

$$R_s = \frac{30 \cdot 1{,}6 \cdot 10^{-10}\ \text{Joule}}{1{,}6 \cdot 10^{-19}\ \text{Cb} \cdot 1\ \frac{\text{Vsec}}{\text{m}^2} \cdot 3 \cdot 10^8\ \text{m/sec}} = \mathbf{100\ m}$$

Der Sollradius R_s des 30 GeV-Protonensynchrotrons in CERN beträgt 100 m.

23 Ungeachtet geographischer, politischer und ökonomischer Schwierigkeiten träumen manche Elementarteilchenphysiker davon, einen Ringbeschleuniger mit Ablenkmagneten einer Kraftflussdichte $B_{max.} = 1$ Tesla rund um die Erde zu errichten. Wie groß wäre die kinetische Energie von Protonen mit Sollradius R_E = Erdradius = 6 370 km?
Wir greifen auf obige Formel für den Sollradius zurück und lösen nach E auf:

$$E = q \cdot B_{max.} \cdot c \cdot R_E = 1{,}6 \cdot 10^{-19}\ \text{Cb} \cdot 1\ \frac{\text{Vsec}}{\text{m}^2} \cdot 3 \cdot 10^8\ \frac{\text{m}}{\text{sec}} \cdot 6{,}37 \cdot 10^6\,\text{m}$$

$$= 30{,}58 \cdot 10^{-5}\ \text{Joule} = \frac{30{,}58 \cdot 10^{-5}}{1{,}6 \cdot 10^{-10}}\ \text{GeV} = \mathbf{1{,}9 \cdot 10^6\ GeV}$$

Ein solches Super-Synchrotron rund um den Äquator könnte also theoretisch Protonen von etwa **2 Millionen GeV** liefern – solche Energien kommen nur in der kosmischen Höhenstrahlung vor.

Die Entdeckung des Antiprotons p^-

Das Antiproton p^- hat eine negative Elementarladung und besitzt dieselbe Ruhmasse m_0 bzw. Ruhenergie $m_0\,c^2 = 938{,}3$ MeV wie das Proton. Antiproton und Proton vernichten sich bei einem Zusammenstoß und es entstehen zwei energiereiche γ-Quanten ($p^+ + p^- \longrightarrow \gamma + \gamma$) genau wie bei der Elektron-Positron-Zerstrahlung.

E. Segrè und O. Chamberlain entdeckten 1955 das Antiproton im Bevatron in Berkeley. Sie beschossen im Labor ruhende Protonen mit sehr schnellen Protonen und erzeugten die Reaktion

$$p^+ + p^+ \longrightarrow p^+ + p^+ + p^+ + p^-.$$

Für diese Entdeckung erhielten sie 1959 den Nobelpreis für Physik.

24 Mit welcher Mindestgeschwindigkeit mussten Segrè und Chamberlain die Protonen im Laborsystem auf die ruhenden aufprallen lassen und welche kinetische Energie $E_{kin.}$ haben die stoßenden Protonen? Es handelt sich hier um einen **unelastischen** Stoß.

Schießt man im Labor schnelle Protonen auf ruhende, so steht aufgrund des Impulssatzes **nicht** die gesamte kinetische Energie des stoßenden Protons zur Erzeugung neuer Teilchen zur Verfügung. **Anders im Schwerpunktsystem:** Hier ist der Gesamtimpuls vor und nach dem Stoß stets Null, die gesamte kinetische Energie der Stoßpartner kann zur Erzeugung neuer Elementarteilchen genutzt werden. In Kurzform:

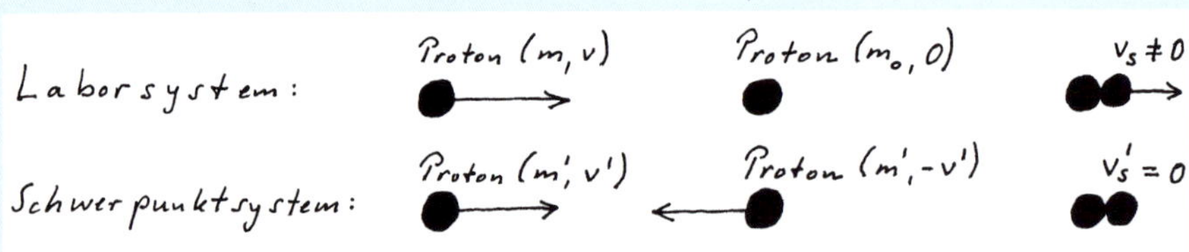

Wir wollen daher das Experiment von Segrè und Chamberlain zunächst im **Schwerpunktsystem** analysieren und betrachten nachstehende Skizze:

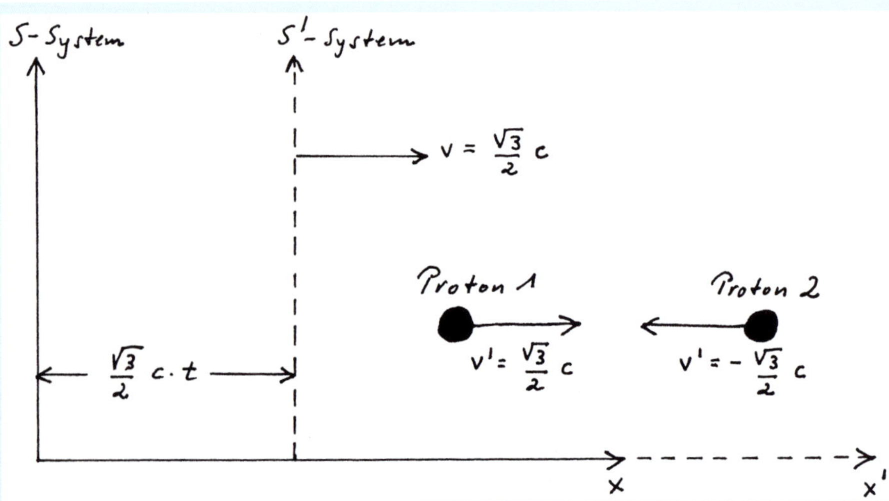

Im Schwerpunktsystem S′ ist die Situation einfach: Proton 1 und Proton 2 bewegen sich mit v′ bzw -v′ aufeinander zu, ihr gemeinsamer Schwerpunkt ruht (daher Schwerpunktsystem). Die gesamte kinetische Energie der beiden Protonen kann im Schwerpunktsystem in Ruhenergie zur Erzeugung eines Proton-Antiproton-Paares umgewandelt werden. Proton 1 muss dann mindestens die kinetische Energie $m_0\,c^2$ haben, dasselbe gilt fürProton 2. Dann steht die gesamte Energie $2\,m_0\,c^2 = 2\cdot 938{,}3$ MeV = 1876,6 MeV für die Erzeugung eines p^+ und p^--Paares zur Verfügung. Die Geschwindigkeit v′ ergibt sich nach der Relation:

$$E = mc^2 = E_0 + E_{kin.} = m_0c^2 + m_0c^2 = \frac{m_0c^2}{\sqrt{1 - \frac{v'^2}{c^2}}} \longrightarrow \sqrt{1 - \frac{v'^2}{c^2}} = \frac{1}{2}$$

$$\longrightarrow \quad v' = \frac{\sqrt{3}}{2}\,c = 0{,}866\,c.$$

Die Protonen 1 und 2 müssen im Schwerpunktsystem S′ mindestens mit jeweils 0,866 c aufeinander prallen und können ihre gesamte kinetische Energie zur Paarbildung $p^+ + p^-$ zur Verfügung stellen. Eine Einschränkung durch den Impulssatz gibt es nicht.

Was bedeutet dies im Laborsystem S?

Das S′-System bewege sich mit $v = \frac{\sqrt{3}}{2}\,c$ nach rechts. **Für einen Beobachter im S-System ruht dann das Proton 2,** hat also die kinetische Energie Null.
Die Geschwindigkeit des stoßenden Protons 1 im S-System ergibt das **Einsteinsche Additionsgesetz der Geschwindigkeiten:**

$$v_{ges.} = \frac{v + v'}{1 + \frac{v\,v'}{c^2}} = \frac{\frac{\sqrt{3}}{2}\,c + \frac{\sqrt{3}}{2}\,c}{1 + \frac{3}{4}} = \frac{\sqrt{3}\cdot c\cdot 4}{7} = \sqrt{\frac{48}{49}}\cdot c = \mathbf{0{,}9897\,c}$$

Im Laborsystem mussten also Segrè und Chamberlain die Protonen mit mindestens 98,97 % der Lichtgeschwindigkeit auf die ruhenden aufprallen lassen. Ihre kinetische Energie ergibt sich zu:

$$E_{kin.}^{Labor} = (m - m_0)\,c^2 = \left(\frac{1}{\sqrt{1 - \frac{v_{ges.}^2}{c^2}}} - 1\right) m_0c^2 = \left(\frac{1}{\sqrt{1 - \frac{48}{49}}} - 1\right) m_0c^2$$

$$= \left(\sqrt{49} - 1\right) m_0\,c^2 = \mathbf{6\,m_0\,c^2} = 6\cdot 938{,}3\text{ MeV} = \mathbf{5{,}63\text{ GeV}}$$

Die kinetische Energie der stoßenden Protonen muss im Laborsystem mindestens $6\,m_0\,c^2$ sein. Dann stehen davon nur $2\,m_0\,c^2$ für die Paarbildung $p^+ + p^-$ zur Verfügung.

Diese Tatsache hat für die Teilchenbeschleuniger eine wichtige Konsequenz: Die Ausnutzung der Energie der stoßenden Teilchen zur Erzeugung neuer Teilchen wird mit wachsender Energie immer unökonomischer, wenn man ein feststehendes Target beschießt (Laborsystem). Daher baut man heute Geräte, die die Protonen aus **entgegengesetzter** Richtung (Schwerpunktsystem) aufeinander schießen, so dass der gesamte kinetische Energiebetrag zur Erzeugung neuer Elementarteilchen zur Verfügung steht. Siehe auch nächstes Beispiel.

Wir wollen noch kurz zeigen, dass bei dem Segrè-Experiment im Schwerpunkt- und Laborsystem der **relativistische Energie- und Impulssatz erfüllt sind.**
Im **Schwerpunktsystem S′** ist der Beweis evident:

$E'_{ges.} = 2\,E_0 + 2\,E_{kin.} = \mathbf{4 m_0 c^2}$

$p'_{ges.} = \mathbf{0}$

$E'_{ges.} = M_0 c^2 = \mathbf{4 m_0 c^2}$

$p'_{ges.} = \mathbf{0}$

Fazit: Energie- und Impulssatz sind erfüllt.

Im **Laborsystem S** ergibt sich:

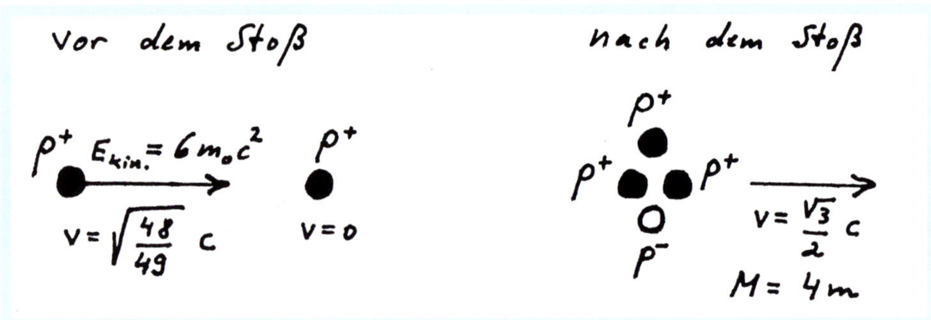

$$E_{ges.} = m_0 c^2 + 6\,m_0 c^2 + m_0 c^2$$

$$= \mathbf{8\, m_0 c^2}$$

$$p_{ges.} = \frac{m_0 v}{\sqrt{1-\frac{v^2}{c^2}}} = \frac{m_0 \sqrt{\frac{48}{49}}\; c}{\sqrt{1-\frac{48}{49}}}$$

$$= m_0 \sqrt{48} \cdot c = m_0 \sqrt{16 \cdot 3}\; c$$

$$= \mathbf{4\, m_0 \sqrt{3} \cdot c}$$

$$E_{ges.} = Mc^2 = 4\,m c^2 = \frac{4\,m_0 c^2}{\sqrt{1-\frac{v^2}{c^2}}}$$

$$= \frac{4\,m_0 c^2}{\sqrt{1-\frac{3}{4}}} = \mathbf{8\, m_0 c^2}$$

$$p_{ges.} = \frac{4\,m_0 \frac{\sqrt{3}}{2}\; c}{\sqrt{1-\frac{3}{4}}}$$

$$= \mathbf{4\, m_0 \sqrt{3} \cdot c}$$

Oder man verwendet die Relation:

$$p^2_{ges.} c^2 = E^2 - E_0{}^2 = (7\,m_0 c^2)^2 - (m_0 c^2)^2$$

$$= 48\,m_0{}^2 c^4$$

$$p_{ges.} = \mathbf{4\, m_0 \sqrt{3} \cdot c}$$

$$p^2_{ges.} c^2 = E^2 - E_0{}^2 = (8\,m_0 c^2)^2 - (4\,m_0 c^2)^2$$

$$= 48\,m_0{}^2 c^4$$

$$p_{ges.} = \mathbf{4\, m_0 \sqrt{3} \cdot c}$$

Fazit: Energie- und Impulssatz sind erfüllt.

25 In CERN (**C**onseil **E**uropéen pour la **R**echerche **N**ucléaire), dem Zentrum der europäischen Hochenergiephysik in der Nähe von Genf, werden Protonen mit jeweils 30 GeV aufeinander geschossen (Schwerpunktsystem $\underset{p}{\bullet}\xrightarrow{30\ \text{GeV}}\ \ \xleftarrow{30\ \text{GeV}}\underset{p}{\bullet}$).

Da die Ruhenergie eines Protons 0,9383 GeV beträgt, können maximal 30 / 0,9383 ≈ 32 Proton-Antiproton-Paare entstehen.

Welche kin. Energie müsste ein Proton mindestens haben, wenn es auf ein **ruhendes** Proton stößt und dabei 32 Proton-Antiproton-Paare entstehen sollen (Laborsystem $\underset{p}{\bullet}\xrightarrow{E_{kin.}^{Labor}}\ \ \overset{v=0}{\underset{p}{\bullet}}$)?

Im **Schwerpunktsystem** ergibt sich für die Geschwindigkeit v′ des Protons:

$$E = mc^2 = E_0 + E_{kin.} = m_0c^2 + 30\ \text{GeV} = m_0c^2\ +\ 32\ m_0c^2\ = \frac{m_0c^2}{\sqrt{1-\frac{v'^2}{c^2}}}$$

$$\longrightarrow \sqrt{1-\frac{v'^2}{c^2}} = \frac{1}{33}$$

$$\longrightarrow \quad v' = \sqrt{\frac{1088}{1089}}\ c\ =\ 0{,}999\ 54\ c$$

Gemäß Aufgabe 24 transformieren wir in das **Laborsystem.** Das stoßende Proton 1 hat dann nach dem Einsteinschen Additionsgesetz die Geschwindigkeit

$$v_{ges.} = \frac{v + v'}{1 + \frac{v\,v'}{c^2}} = \frac{2\,v'}{1 + \frac{v'^2}{c^2}} = \frac{2\sqrt{\frac{1088}{1089}}}{1+\frac{1088}{1089}}\ c = \frac{2\ \cdot\ 1089\sqrt{\frac{1088}{1089}}}{2177}\ c\ =\ \mathbf{0{,}9999998944\,c}$$

Damit ergibt sich für die kin. Energie des stoßenden Protons

$$E_{kin.}^{Labor} = \left(\frac{1}{\sqrt{1-\frac{v_{ges.}^2}{c^2}}}\ -1\right)\ m_0\,c^2\ =\ \left(\frac{1}{\sqrt{1-0{,}999999789}}\ -1\right)\ \cdot 0{,}9383\ \text{GeV}$$

$$=\ 2176\ \cdot\ 0{,}9383\ \text{GeV}\ =\ \mathbf{2042\ GeV}$$

Das stoßende Proton müsste mindestens mit der riesigen kin. Energie von 2042 GeV auf das ruhende Proton aufprallen. Man ist **weit davon entfernt** Protonen im Labor auf solch gigantische Energien zu beschleunigen. Teilchen dieser Energie kommen nur in der **kosmischen Höhenstrahlung** vor. Von diesen 2042 GeV würden im Laborsystem aber nur 60 GeV, d. h. etwa 3 %, zur Erzeugung neuer Elementarteilchen zur Verfügung stehen. Es hat also große energetische Vorteile, die Protonen in **entgegengesetzter Richtung** aufeinander prallen zu lassen. Hierzu lässt man die Teilchenpakete in zwei Speicherringen („storage ring") in entgegengesetzter Richtung umlaufen und in einem Kreuzungsbereich aufeinander prallen.

Fast alles, was wir über die Struktur der Materie im subatomaren Bereich wissen, verdanken wir schnellen Teilchen. Man verwendet sie für **elastische oder inelastische Streuversuche**, in denen die Geschosse im Feld der untersuchten Strukturen abgelenkt werden. Berühmt sind die Rutherfordschen Streuversuche mit α-Teilchen zu Beginn des 20. Jahrhunderts. Je höher die Energie der Teilchen, desto feinere Einzelheiten kann man sondieren.

*Abb. 25: Luftbild von CERN, dem Zentrum der europäischen Hochenergiephysik in der Nähe von Genf. Der große Kreis zeigt, wo der Tunnel des **LEP** (**L**arge **E**lectron-**P**ositron Collider = großer Elektron-Positron-Speicherring-Kollider) unterirdisch verläuft. Der Umfang des Rings beträgt 27 km. Es handelt sich um ein **Synchrotron**, in dem Elektronen und Positronen in entgegengesetzter Richtung beschleunigt werden (Inbetriebnahme: 1989). Bei dem Aufeinandertreffen der Teilchenbündel kommt es zu hochenergetischen Stoßprozessen. Die gepunktete Linie ist die Grenze zwischen der Schweiz und Frankreich.* *Quelle: CERN*

Mit der Entdeckung des Elektrons durch J. J. Thomson (1906 Nobelpreis) im Jahr 1897, der Entwicklung des Bohrschen Atommodells im Jahr 1913 und der Entdeckung des Neutrons im Jahr 1932 zeigte sich, dass die Atome und sogar ihre Kerne eine innere Struktur besitzen. Für kurze Zeit glaubte man an die Existenz von nur vier „Elementarteilchen": **Proton, Neutron, Elektron** und **Photon**. Aber noch im Jahr 1932 wurde das **Positron** entdeckt und bald darauf das **Myon**, das **Pion**, das **Antiproton** und viele andere Teilchen.

Heute wissen wir durch hochenergetische Streuexperimente, dass z. B. das Proton kein einfaches Elementarteilchen ist, sondern eine innere Struktur hat und aus **drei Quarks** aufgebaut ist. Eine ungewöhnliche Eigenschaft der Quarks ist ihre gebrochenzahlige Ladung: z. B. beträgt die Ladung des u-Quarks $+\frac{2}{3}$ e, die des d-Quarks $-\frac{1}{3}$ e. Ein Proton besteht nach dem Quark-Modell aus der Kombination **u + u + d**, sodass die richtige elektrische Gesamtladung $\frac{2}{3}\,e + \frac{2}{3}\,e - \frac{1}{3}\,e = +\,e$ herauskommt.

Auf der Suche nach weiteren „elementaren" Teilchen wurden seit den fünfziger Jahren enorme Summen für den Bau von Teilchenbeschleunigern aufgewendet, die Beschleuniger wurden immer gigantischer. Gegenwärtig kennen wir **mehrere hundert Teilchen,** von denen viele einmal als elementar angesehen wurden, und Forschungsgruppen an den großen Beschleunigerzentren rund um die Welt suchen und finden ständig weitere. Einige dieser Teilchen haben eine so kurze Lebensdauer, dass sie nur indirekt nachgewiesen werden können. Viele werden überhaupt nur in hochenergetischen Prozessen in Beschleunigern beobachtet. Auch hier reguliert die Einsteinsche Gleichung $E = m\,c^2$ die Energiebilanz.

Das Michelson-Morley-Experiment

Mechanische Wellen brauchen ein Medium, in dem sie sich ausbreiten können. Wie sind die Verhältnisse bei Lichtwellen? Anfang des 19. Jahrhunderts gelangte man durch die Interferenz-, Beugungs- und Polarisationserscheinungen zu der Überzeugung, Licht sei als Wellenerscheinung zu deuten. Lichtwellen oder allgemein elektromagnetische Wellen sollten sich nun ebenfalls in einem Medium ausbreiten. Diesem Medium gab man den Namen Äther. Dieser Äther sollte den ganzen Weltraum ausfüllen und ungewöhnliche Eigenschaften haben. Seine Dichte müsste möglichst klein sein, da sich die Planeten durch das Äthermeer ohne Reibung bewegen. Auf der anderen Seite sollte dem Äther eine große Starrheit zukommen, um damit die hohe Ausbreitungsgeschwindigkeit des Lichtes zu erklären und die Tatsache, dass Lichtwellen reine Transversalwellen sind.

Danach sollte sich das Licht nur in dem besonderen System des Äthermeeres nach allen Seiten gleich schnell ausbreiten. Bezogen auf andere, gleichförmig zum Äthermeer bewegte Systeme müsste die Lichtgeschwindigkeit jedoch von der Richtung abhängen, in der sie gemessen wird.

Die Erde bewegt sich mit v = 30 km/sec um die Sonne. Die Erde sollte sich also mit einer beachtlichen Geschwindigkeit durch das ruhende Äthermeer bewegen. Ist es möglich, die Geschwindigkeit der Erde relativ zum Weltäther nachzuweisen? Man müsste dann eine Art „Ätherwind" feststellen. Diesen hypothetischen Ätherwind zu messen war das Ziel des Michelson-Morley-Experimentes. Das Michelson-Morley-Experiment stellte in seiner Präzision einen Höhepunkt der Experimentierkunst in der klassischen Physik dar. Michelson wurde dafür 1907 mit dem Nobelpreis für Physik ausgezeichnet. Die nachstehende Skizze zeigt den Versuchsaufbau:

Monochromatisches Licht wurde von einer halbdurchlässigen Platte S in zwei zueinander senkrechte Strahlen aufgespalten und nach Zurücklegung eines bestimmten Weges wieder zur Interferenz gebracht. Die Apparatur wurde so aufgestellt, dass ein Lichtweg in Richtung der Erdbewegung fiel; nach Beobachtung der Interferenzstruktur in B wurde die Anordnung um 90° gedreht.

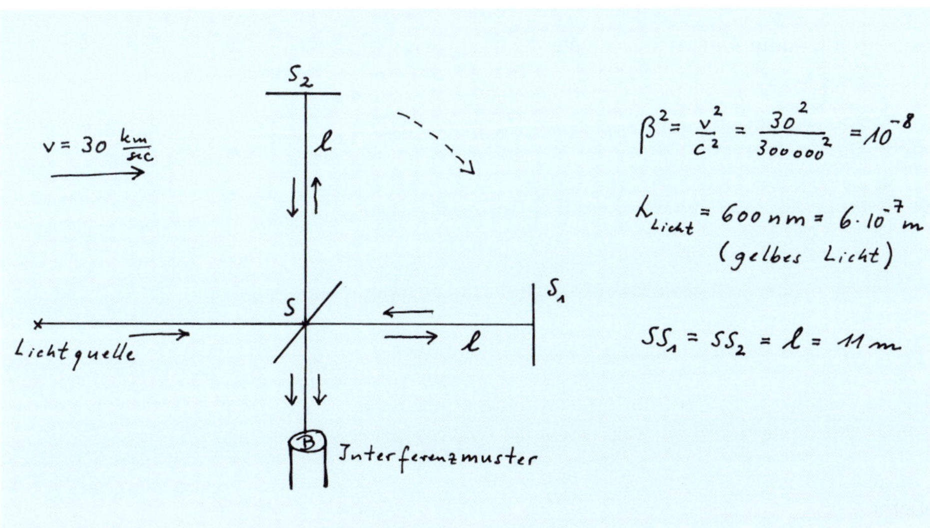

26 Bei der ursprünglichen Anordnung von Michelson und Morley wurde $\ell = 11$ m gewählt. Man beachte die enorme experimentelle Schwierigkeit, einen so großen Apparat um 90° zu drehen, ohne dass dabei die Interferenz störende Verbiegungen auftreten. Ferner betrug die Wellenlänge der Lichtquelle $\lambda = 6 \cdot 10^{-7}$ m (gelbes Licht). Zeige, dass bei Existenz eines ruhenden Weltäthers und Drehung der Michelson-Apparatur um 90° eine Verschiebung der Interferenzstreifen um $\frac{\delta}{d} = \frac{2\,\ell}{\lambda}\beta^2 \approx 0{,}4$ also um etwa 40 % auftreten müsste.

Um die Strecke SS_1 zurückzulegen, braucht das Licht die Zeit t_1. Während t_1 hat sich der Spiegel S_1 um vt_1 nach rechts bewegt Es gilt:

$$c\,t_1 = \ell + vt_1 \longrightarrow t_1\,(c-v) = \ell \longrightarrow t_1 = \frac{\ell}{c-v}$$

Um von S_1 wieder nach S zu gelangen, braucht das Licht die Zeit t_2. Während t_2 ist S um vt_2 nachgerückt. Es gilt:

$$c\,t_2 = \ell - vt_2 \longrightarrow t_2\,(c+v) = \ell \longrightarrow t_2 = \frac{\ell}{c+v}$$

Für den Hin- und Rückweg ergibt sich:

$$t_3 = t_1 + t_2 = \frac{\ell}{c-v} + \frac{\ell}{c+v} = \frac{\ell c + \ell v + \ell c - \ell v}{c^2 - v^2} = \frac{2\,\ell c}{c^2 - v^2} = \frac{2\,\ell / c}{1 - v^2/c^2} = \frac{2\,\ell / c}{1 - \beta^2}$$

Um die Strecke SS_2 zurückzulegen, braucht das Licht die Zeit t_4. Während t_4 hat sich der Spiegel S_2 um vt_4 nach rechts bewegt. Nach dem Satz des Pythagoras ergibt sich:

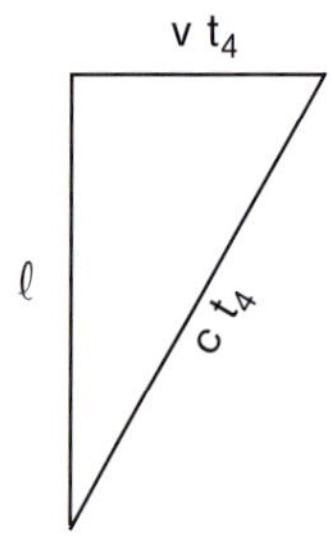

$$c^2 t_4^2 = \ell^2 + v^2 t_4^2 \longrightarrow t_4^2\,(c^2 - v^2) = \ell^2 \longrightarrow t_4 = \frac{\ell}{\sqrt{c^2 - v^2}}$$

Für den Rückweg S_2S ergibt sich die gleiche Zeit, also insgesamt

$$2\,t_4 = \frac{2\,\ell}{\sqrt{c^2 - v^2}} = \frac{2\,\ell / c}{\sqrt{1 - v^2 / c^2}} = \frac{2\,\ell / c}{\sqrt{1 - \beta^2}}$$

Insgesamt ergibt sich für die Lichtwege SS_1S und SS_2S eine Zeitdifferenz

$$\Delta t = t_3 - 2t_4 = \frac{2\ell}{c}\left(\frac{1}{1-\beta^2} - \frac{1}{\sqrt{1-\beta^2}}\right)$$

$$\Delta t = \frac{2\ell}{c}\left[1 + \beta^2 + \ldots\ldots - \left(1 + \frac{1}{2}\beta^2 + \ldots\ldots\right)\right] \approx \frac{2\ell}{c}\,\frac{\beta^2}{2} = \frac{\ell}{c}\beta^2$$

Jetzt wird die Apparatur um 90° gedreht. Dann vertauschen sich die Lichtwege und wir erhalten für die Zeitdifferenz

$$\Delta t^* = \frac{2\ell}{c}\left(\frac{1}{\sqrt{1-\beta^2}} - \frac{1}{1-\beta^2}\right) \approx \frac{2\ell}{c}\left[1 + \frac{1}{2}\beta^2 - (1 + \beta^2)\right] = -\frac{2\ell}{c}\,\frac{\beta^2}{2} = -\Delta t$$

Insgesamt ergibt sich also bei einer Drehung der Michelson-Apparatur um 90° die Zeitdifferenz

$$\widetilde{\Delta t} = \Delta t - \Delta t^* = \Delta t - (-\Delta t) = 2\,\Delta t = \frac{2\ell}{c}\beta^2$$

Für die Verschiebung der Interferenzstreifen ergibt sich

$$\frac{\delta}{d} = \frac{\widetilde{\Delta t}}{T} = \frac{2\,\Delta t}{T}. \quad \text{Da } c = \frac{\lambda}{T} \longrightarrow T = \frac{\lambda}{c}$$

$$\frac{\delta}{d} = \frac{2\,\Delta t \cdot c}{\lambda} = \frac{2\ell}{c}\beta^2 \cdot \frac{c}{\lambda} = \frac{\mathbf{2}\ell}{\lambda}\beta^{\mathbf{2}}$$

Für $\ell = 11$ m, $\lambda = 6 \cdot 10^{-7}$ m, $\beta^2 = 10^{-8}$ ergibt sich

$$\frac{\delta}{d} = \frac{22\ \text{m}}{6 \cdot 10^{-7}\ \text{m}} \cdot 10^{-8} \approx \mathbf{0{,}4}$$

Bei Drehung der Michelson-Morley-Apparatur um 90° und Annahme eines ruhenden Weltäthers hätte man also eine Verschiebung der Interferenzstreifen um 40 % des Streifenabstandes feststellen müssen.

Kein solcher Effekt war nachweisbar, die Lichtgeschwindigkeit ist in allen Richtungen gleich c, einen Weltäther gibt es nicht.

Einige Physiker haben damals natürlich versucht, die Existenz eines Weltäthers durch Zusatzhypothesen doch noch zu retten: z. B. sollte der Lichtäther an der Erdoberfläche von der Erde mitgenommen werden, genauso wie die Lufthülle bei ihrer Reise um die Sonne an der Erde haftet. Dies würde zwar den negativen Ausfall des Michelson-Morley-Versuches erklären, aber die Vorstellung vom mitgenommenen Äther wird vollständig widerlegt durch die Erscheinung der **Aberration,** also durch die Tatsache, dass man bei Beobachtung eines Fixsterns das Fernrohr um einen kleinen Winkel neigen muss, der von der Relativgeschwindigkeit der Erde zum Fixstern abhängt. Bei einem mitbewegten Äther müssten die Lichtwellen aber stets der Erdoberfläche **parallel** bleiben, das Phänomen der Aberration dürfte überhaupt nicht auftreten. So blieb nur übrig, die Existenz eines Weltäthers ganz aufzugeben und zu akzeptieren, dass die Lichtgeschwindigkeit **unabhängig vom Bewegungszustand der Lichtquelle gleich c** ist. Das Gesetz von der **Konstanz der Lichtgeschwindigkeit** ist genauso eine gesicherte Tatsache wie z. B. der Energieerhaltungssatz.

Abb. 26:
Albert Abraham Michelson (1852 – 1931); Professor in New York, Washington, Cleveland, Worcester und Chicago. 1907 Nobelpreis. Der Michelson-Morley-Versuch verlief völlig negativ, dasselbe Schicksal hatten alle späteren Wiederholungen.

Quelle:
Hermann, Große Physiker, Stuttgart

Die spezielle Relativitätstheorie ist im Kern eine Invarianztheorie

Abb. 27:
Genügsamkeit, Bescheidenheit und Einfachheit kennzeichneten Einsteins äußere Erscheinung. So machte es ihm auch nichts aus, ein Opernglas an eine einfache Kordel zu hängen und als Fernglas zu benutzen. ***„Oft bedrückt mich der Gedanke, in welchem Maße mein Leben auf der Arbeit meiner Mitmenschen aufgebaut ist, und ich weiß, wieviel ich ihnen schulde".***

Quelle: Sugimoto

Einstein war auf der einen Seite der wohl populärste Physiker aller Zeiten, auf der anderen Seite haben aber nur ganz wenige Menschen sein Werk wirklich verstanden. „Alles sei relativ" - meinen manche moderne Philosophen. Und sie berufen sich dabei auch auf Einstein. Dies ist ein großes Missverständnis. Denn Einstein hat in der Physik genau das Gegenteil gezeigt: **Die spezielle Relativitätstheorie ist im Kern eine Invarianztheorie.** Die folgenden Beispiele werden dies verdeutlichen.

Invarianz der quadratischen Form $x^2 + y^2 + z^2 - c^2 t^2$

Der Michelson-Morley-Versuch hat gezeigt: In zwei Bezugssystemen S und S′, die sich mit gleichförmiger Geschwindigkeit v gegeneinander bewegen, ergibt die Messung der Lichtgeschwindigkeit nach **jeder Richtung den gleichen Wert c.** Wir wollen jetzt diese Tatsache dreidimensional beschreiben. Der Koordinatenursprung des Systems S zur Zeit $t = 0$ falle mit dem des anderen S′ zur Zeit $t' = 0$ zusammen. Die Bewegung der Bezugssysteme S und S′ erfolge nur in x-Richtung (Abb. 16). Dann hat eine zur Zeit $t = 0$ vom Koordinatenursprung S ausgehende elektromagnetische Kugelwelle zur Zeit t die durch die Gleichung

$$r = \sqrt{x^2 + y^2 + z^2} = c \cdot t$$

gegebene Kugelfläche erreicht. Durch Quadrieren erhalten wir:

$$x^2 + y^2 + z^2 - c^2 t^2 = 0$$

Ein Beobachter in S′ muss nach dem Michelson-Morley-Ergebnis ebenfalls eine elektromagnetische Kugelwelle feststellen, die der Formel

$$r' = \sqrt{x'^2 + y'^2 + z'^2} = c \cdot t' \qquad \text{bzw.} \qquad x'^2 + y'^2 + z'^2 - c^2\, t'^2 = 0 \text{ genügt.}$$

Damit ergibt sich: $x^2 + y^2 + z^2 - c^2 t^2 = x'^2 + y'^2 + z'^2 - c^2 t'^2 = 0$

Kurz gesagt: **Eine Lichtkugelwelle in S transformiert sich in eine Lichtkugelwelle in S′.**

27 Zeige, dass in der Tat die quadratische Form $x^2 + y^2 + z^2 - c^2 t^2$ unter einer Lorentz-Transformation in $x'^2 + y'^2 + z'^2 - c^2 t'^2$ übergeht, also **invariant** bleibt. Da die Bewegung der Bezugssysteme S und S′ nur in x-Richtung erfolgt, ist $y = y'$ und $z = z'$.

$$x = \frac{x' + v \cdot t'}{\sqrt{1 - \frac{v^2}{c^2}}}, \quad y = y', \quad z = z', \quad t = \frac{t' + \frac{vx'}{c^2}}{\sqrt{1 - \frac{v^2}{c^2}}}$$

$$x^2 + y^2 + z^2 - c^2 t^2 = \left(\frac{x' + v \cdot t'}{\sqrt{1 - \frac{v^2}{c^2}}}\right)^2 + y'^2 + z'^2 - c^2 \left(\frac{t' + \frac{vx'}{c^2}}{\sqrt{1 - \frac{v^2}{c^2}}}\right)^2$$

$$= \frac{x'^2 + 2\,x' v \cdot t' + v^2 t'^2}{1 - \frac{v^2}{c^2}} + y'^2 + z'^2 - c^2\, \frac{\left(t'^2 + \frac{2\,t' v x'}{c^2} + \frac{v^2 x'^2}{c^4}\right)}{1 - \frac{v^2}{c^2}}$$

$$= \frac{x'^2 + v^2 t'^2 - c^2 t'^2 - \frac{v^2 x'^2}{c^2}}{1 - \frac{v^2}{c^2}} + y'^2 + z'^2 = \frac{\left(1 - \frac{v^2}{c^2}\right)\left(x'^2 - c^2 t'^2\right)}{1 - \frac{v^2}{c^2}} + y'^2 + z'^2$$

$= x'^2 + y'^2 + z'^2 - c^2 t'^2$. Damit ist alles bewiesen: Die quadratische Form $x^2 + y^2 + z^2 - c^2 t^2$ bleibt unter einer Lorentz-Transformation invariant.

Ein Gebilde $a_\mu = (a_1, a_2, a_3, a_4)$, **dessen Komponenten sich wie x, y, z, ct transformieren, nennt der Physiker einen Vierervektor.** Mit $\beta = v/c$ bedeutet dies ganz einfach:

$$a_1 = \frac{a_1' + \beta\, a_4'}{\sqrt{1 - \beta^2}}, \quad a_2 = a_2', \quad a_3 = a_3', \quad a_4 = \frac{a_4' + \beta\, a_1'}{\sqrt{1 - \beta^2}}$$

Raum und Zeit bilden den Vierervektor $x_\mu = (\mathbf{r}, ct) = (x, y, z, ct)$.

Invarianz der quadratischen Form $p_x^2 + p_y^2 + p_z^2 - \frac{E^2}{c^2}$

28 Beweise: Relativistischer Impuls und Energie bilden den

Vierervektor $p_\mu = (\mathbf{p}, \frac{E}{c}) = (p_x, p_y, p_z, \frac{E}{c})$.

Dazu greifen wir auf Aufgabe 17 zurück. Hier hatten wir die Beziehung $E^2 = p^2 c^2 + E_0^2$ hergeleitet, wobei E = Gesamtenergie, E_0 = Ruhenergie und p = relativistischer Impuls eines Teilchens bedeuten.

$\longrightarrow p^2 - \frac{E^2}{c^2} = - \frac{E_0^2}{c^2} = -m_0^2 c^2$ = Invariante. In zwei Bezugssystemen S und S′ ist die Größe $p^2 - \frac{E^2}{c^2}$ invariant, d. h. es muss gelten:

$$p_x^2 + p_y^2 + p_z^2 - E^2 / c^2 = p_x'^2 + p_y'^2 + p_z'^2 - E'^2 / c^2 = - m_0^2\, c^2$$

Um die entsprechenden Transformationsformeln für p und E zu finden, müssen wir in Aufgabe 27 einfach x durch p_x und t durch E / c^2 ersetzen, d. h.

$$p_x = \frac{p_x' + v \cdot \frac{E'}{c^2}}{\sqrt{1 - \frac{v^2}{c^2}}}, \quad p_y = p_y', \quad p_z = p_z' \quad \text{und} \quad \frac{E}{c^2} = \frac{\frac{E'}{c^2} + \frac{vp_x'}{c^2}}{\sqrt{1 - \frac{v^2}{c^2}}} \quad \text{oder } E = \frac{E' + vp_x'}{\sqrt{1 - \frac{v^2}{c^2}}}$$

Natürlich muss dieser Transformationssatz die quadratische Form $p_x^2 + p_y^2 + p_z^2 - \frac{E^2}{c^2}$ **invariant** lassen:

$$p_x^2 + p_y^2 + p_z^2 - \frac{E^2}{c^2} = \frac{\left(p_x' + \frac{v \cdot E'}{c^2}\right)^2}{1 - \frac{v^2}{c^2}} + p_y'^2 + p_z'^2 - \frac{\left(E' + vp'_x\right)^2}{c^2\left(1 - \frac{v^2}{c^2}\right)} =$$

$$\frac{p_x'^2 + \frac{2\, p_x'\, v \cdot E'}{c^2} + \frac{v^2\, E'^2}{c^4}}{1 - \frac{v^2}{c^2}} + p_y'^2 + p_z'^2 - \frac{\left(E'^2 + 2\, E' v p_x' + v^2\, p_x'^2\right)}{c^2\left(1 - \frac{v^2}{c^2}\right)} =$$

$$\frac{p_x'^2 + \frac{v^2\, E'^2}{c^4} - \frac{E'^2}{c^2} - \frac{v^2\, p_x'^2}{c^2}}{1 - \frac{v^2}{c^2}} + p_y'^2 + p_z'^2 = \frac{\left(1 - \frac{v^2}{c^2}\right)\left(p_x'^2 - \frac{E'^2}{c^2}\right)}{1 - \frac{v^2}{c^2}} + p_y'^2 + p_z'^2 =$$

$= p_x'^2 + p_y'^2 + p_z'^2 - \frac{E'^2}{c^2}$. Die quadratische Form bleibt invariant.

29 Zeige, dass der relativistische Dopplereffekt unter Zugrundelegung des Lichtquantenmodells sofort aus dem Transformationsverhalten des Vierervektors $(\mathbf{p}, \frac{E}{c})$ folgt.

Im System S ruhe die Lichtquelle, also gilt für die Lichtquanten:

$E = h\nu_0$ und $p_x = \frac{h\nu_0}{c}$.

Ein Beobachter in S′ sieht dann die Lichtquelle (z. B. eine Galaxie) sich mit v nach links wegbewegen und es gilt:

$$E' = h\nu' = \frac{E - vp_x}{\sqrt{1 - \beta^2}} = \frac{h\nu_0 - v \cdot \frac{h\nu_0}{c}}{\sqrt{1 - \beta^2}} \quad \text{d. h. } \nu' = \frac{\nu_0\,(1 - \beta)}{\sqrt{1 - \beta^2}} = \nu_0 \sqrt{\frac{(1 - \beta)^2}{(1 - \beta)\,(1 + \beta)}}$$

$$= \nu_0 \sqrt{\frac{1 - \beta}{1 + \beta}}$$

Wir erhalten als Ergebnis die Formel für den in der Astrophysik so wichtigen relativistischen Dopplereffekt von Seite 49.

30 Zeige, dass die relativistische Massenzunahme eines Teilchens unmittelbar aus dem Transformationsverhalten des Vierervektors $(\mathbf{p}, \frac{E}{c})$ folgt.

Das Teilchen ruhe in S′. Der Beobachter in S′ stellt dann den Impuls $p_x' = 0$ und die Ruhmasse m_0 bzw. Ruhenergie $E' = m_0\, c^2$ fest.

Der Beobachter in S sieht dann eine sich mit v nach rechts bewegende Masse und findet für die Energie:

$$E = mc^2 = \frac{E' + vp_x'}{\sqrt{1 - \beta^2}} = \frac{m_0 c^2 + 0}{\sqrt{1 - \beta^2}}$$

Der Beobachter in S stellt also eine nach der Formel $m = m_0 / \sqrt{1 - \beta^2}$ vergrößerte Masse fest.

31 Zeige, dass das Ergebnis von Aufgabe 24 sofort aus dem Transformationsverhalten des Vierervektors $(\mathbf{p}, \frac{E}{c})$ folgt.

Es gilt: $E = \dfrac{E' + v p_x'}{\sqrt{1 - \frac{v^2}{c^2}}}$ mit $v = \dfrac{\sqrt{3}}{2}\, c$

Für Proton 1 gilt: $E' = 2\, m_0 c^2$ und $p_x' = \dfrac{m_0 \frac{\sqrt{3}}{2} c}{\sqrt{1 - \frac{3}{4}}} = \sqrt{3}\, m_0 c$

$$\longrightarrow E = \frac{2\, m_0 c^2 + \frac{\sqrt{3}}{2} c \cdot \sqrt{3} \cdot m_0 c}{\sqrt{1 - \frac{3}{4}}} = 2\,(2\, m_0 c^2 + \frac{3}{2} m_0 c^2) = 7\, m_0 c^2$$

$= E_0 + E_{kin.} \longrightarrow E_{kin.} = \mathbf{6\, m_0 c^2}$

Die kin. Energie des stoßenden Protons muss im Laborsystem S mindestens $6\, m_0 c^2$ betragen.

Invarianz der quadratischen Form $j_x^2 + j_y^2 + j_z^2 - c^2 \varrho^2$

Die Stromdichte **j** wird in $\frac{A}{m^2}$ gemessen, die elektrische Ladungsdichte ϱ in $\frac{Cb}{m^3}$;

$c \cdot \varrho$ hat dann die Einheit $\frac{m}{sec} \cdot \frac{Cb}{m^3} = \frac{m}{sec} \cdot \frac{A\,sec}{m^3} = \frac{A}{m^2}$ wie **j**.

Stromdichte und elektrische Ladungsdichte bilden den Vierervektor $j_\mu = (\mathbf{j}, c\varrho) = (j_x, j_y, j_z, c \cdot \varrho)$. Dann müssen wir in den Transformationsformeln von Aufgabe 27 einfach x durch j_x und t durch ϱ ersetzen, d. h. wir erhalten:

$$j_x = \frac{j_x' + v \cdot \varrho'}{\sqrt{1 - \frac{v^2}{c^2}}}, \quad j_y = j_y', \quad j_z = j_z', \qquad \varrho = \frac{\varrho' + \frac{v \cdot j_x'}{c^2}}{\sqrt{1 - \frac{v^2}{c^2}}}$$

Automatisch folgt dann, dass die quadratische Form $j_x^2 + j_y^2 + j_z^2 - c^2 \varrho^2$ invariant bleibt.

32 Eine Ladung $Q_0 = \varrho_0 \cdot V_0$ ruhe im S-System. Welche Ladung Q' stellt der Beobachter im S'-System fest? Welches weitere physikalische Phänomen registriert er?

Der Beobachter im S-System sieht nur ein elektrisches Feld (da Stromdichte $j_x = 0$).
Der Beobachter in S' stellt zunächst eine vergrößerte Ladungsdichte fest:

$$\varrho' = \frac{\varrho_0 - \frac{v j_x}{c^2}}{\sqrt{1 - \beta^2}} \qquad \text{da } j_x = 0 \longrightarrow \varrho' = \frac{\varrho_0}{\sqrt{1 - \beta^2}}$$

Da gleichzeitig die Ladungswolke in Bewegungsrichtung verkürzt erscheint (Lorentz-Kontraktion), die Querdimensionen aber gleich bleiben, ist das Volumen der Ladungswolke verkleinert:

$V' = V_0 \sqrt{1 - \beta^2}$ Der Beobachter in S' registriert also die Ladung

$$Q' = \varrho' \cdot V' = \frac{\varrho_0}{\sqrt{1-\beta^2}} \cdot V_0 \sqrt{1-\beta^2} = \varrho_0 V_0 = Q_0$$

Damit erhalten wir das wichtige Resultat: Das Produkt aus Ladungsdichte und Volumen, d. h. die Gesamtladung, bleibt in beiden Systemen S und S′ gleich: **$Q_0 = Q'$ ist eine Lorentz-invariante Größe.**

*Dies hat große Bedeutung für die **Stabilität** unserer Welt: Die elektrische Ladung von Proton und Elektron ist **exakt gleich groß**. In jedem neutralen Atom gibt es gleichviele Elektronen und Protonen. Die Elektronen sind etwa 2000 mal leichter als die Protonen und bewegen sich daher im Atom viel schneller, während die Protonen praktisch ruhen. Hinge nun die elektrische Ladung von der Geschwindigkeit ab, so wäre die elektrische Balance gestört, das Atom nicht mehr elektrisch neutral, enorme Abstoßungskräfte zwischen den Atomen würden auftreten, alle Materie wäre hochgradig instabil. Dass dies **nicht** der Fall ist, verdanken wir der **Lorentzinvarianz** der elektrischen Ladung Q.*

Der Beobachter in S′ stellt aber noch ein weiteres, wichtiges Phänomen fest. Während der in S ruhende Beobachter nur ein elektrisches Feld misst ($j_x = 0$), misst der bewegte Beobachter die Stromdichte

$$j_x' = \frac{j_x - v \cdot \varrho_0}{\sqrt{1-\beta^2}} = \frac{0 - v \cdot \varrho_0}{\sqrt{1-\beta^2}} = \frac{-v\,\varrho_0}{\sqrt{1-\beta^2}}$$

d. h. er **registriert auch ein Magnetfeld.** Der Beobachter in S′ misst also sowohl ein elektrisches Feld (Ladungsdichte $\varrho' \neq 0$) als auch ein magnetisches Feld (Stromdichte $j_x' \neq 0$).

Eine direkte Folge der Invarianz der physikalischen Gesetze gegenüber gleichförmiger Bewegung ist: Elektrische und magnetische Kräfte sind Teil nur eines physikalischen Phänomens – der **elektromagnetischen Wechselwirkung** von Teilchen. Die Trennung dieser Wechselwirkung in elektrische und magnetische Anteile hängt sehr stark von dem der Beschreibung zugrunde gelegten Bezugssystem ab. Man kann also elektrische oder magnetische Felder durch Wechsel der Bezugssysteme „erzeugen“ oder „wegtransformieren“.

Fazit

„Wohl ist alles in der Natur Wechsel,aber hinter dem Wechselnden ruht ein Ewiges.“ (J. W. von Goethe)

Die Vierervektoren sind die entscheidenden Basiselemente beim Aufbau der relativistischen Physik. Wie nachstehende Abb. 28 noch einmal verdeutlicht, ist die spezielle Relativitätstheorie im Kern eine **Invarianztheorie:** Alle Naturgesetze, nicht nur das der Lichtausbreitung, sind invariant gegenüber einer Lorentz-Transformation. Jedes physikalische Phänomen der speziellen Relativitätstheorie lässt sich aus dem **Transformationsverhalten des entsprechenden Vierervektors** herleiten.

Hinter den sinnlich wahrnehmbaren und messbaren Phänomenen scheinen ewige, ordnende mathematische Strukturen wie z. B. die Invarianzgesetze zu stehen. Außer der Lorentz-Invarianz gibt es noch andere Invarianzen in der Physik. Vor allem mit der Entwicklung der Quantenmechanik begann sich die Bedeutung der Invarianzstrukturen in der Natur herauszuschälen. **Die Invarianzgesetze spielen in der modernen Physik eine fundamentale Rolle.** Werner Heisenberg (1901 – 1976) hat diesen Sachverhalt in dem Satz zusammengefasst: „Die Symmetrien und Invarianzen sind die entscheidenden Elemente des Plans, nach dem die Natur geschaffen worden ist“.

Der philosophisch gebildete Leser wird hier an die pythagoreische Schule (um 500 v. Chr.) und an die Ideenlehre des griechischen Philosophen Plato (427 – 347 v. Chr.) erinnert. Bei Pythagoras und Plato war nicht ein sinnlicher Urstoff – wie das Wasser bei Thales – sondern eine **Zahlenrelation, eine mathematische Struktur, ein Ur-Gesetz, ein ideelles Formprinzip der Urgrund alles Seienden.** Damit war bereits vor 2500 Jahren ein Grundgedanke ausgesprochen, der später das Fundament aller exakten Naturwissenschaft bilden sollte. Ganz in diesem Sinne haben wir hier eine Vielzahl physikalischer Phänomene auf ein Invarianzgesetz, auf eine mathematische Grundstruktur, zurückgeführt.

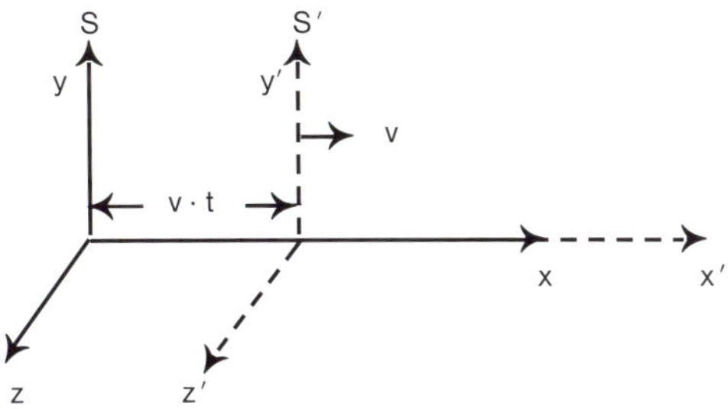

Einstein hat ein **Invarianzgesetz** gefunden: Es ist durch keine physikalische Messung möglich, einen prinzipiellen Unterschied zwischen zwei Bezugssystemen S und S′ festzustellen, die sich mit gleichförmiger Geschwindigkeit v gegeneinander bewegen:

Alle Naturgesetze sind **invariant** gegenüber einer **Lorentz-Transformation.**

↓

Konzept der Vierervektoren

$$x_\mu = (\mathbf{r}, ct) = (x, y, z, ct)$$

$$p_\mu = \left(\mathbf{p}, \frac{E}{c}\right) = \left(p_x, p_y, p_z, \frac{E}{c}\right)$$

$$j_\mu = (\mathbf{j}, c\varrho) = (j_x, j_y, j_z, c\varrho)$$

Es gibt noch andere Vierervektoren

↓

Invarianz der quadratischen Form

$$x^2 + y^2 + z^2 - c^2t^2 = x'^2 + y'^2 + z'^2 - c^2t'^2 = 0$$

$$x' = \frac{x - v \cdot t}{\sqrt{1-\beta^2}}, \; y' = y, \; z' = z, \; t' = \frac{t - \frac{v\,x}{c^2}}{\sqrt{1-\beta^2}}$$

→

- Lorentz-Kontraktion
- Zeitdehnung
- Rel. Additionsgesetz der Geschwindigkeiten
- Äquivalenz von Masse und Energie

Invarianz der quadratischen Form

$$p_x^2 + p_y^2 + p_z^2 - \frac{E^2}{c^2} = p_x'^2 + p_y'^2 + p_z'^2 - \frac{E'^2}{c^2} = -m_0^2\,c^2$$

$$p_x' = \frac{p_x - \frac{vE}{c^2}}{\sqrt{1-\beta^2}}, \; p_y' = p_y, \; p_z' = p_z, \; E' = \frac{E - vp_x}{\sqrt{1-\beta^2}}$$

→

- Relativistische Massenzunahme
- Relativistischer Dopplereffekt

Invarianz der quadratischen Form

$$j_x^2 + j_y^2 + j_z^2 - c^2\varrho^2 = j_x'^2 + j_y'^2 + j_z'^2 - c^2\varrho'^2$$

$$j_x' = \frac{j_x - v \cdot \varrho}{\sqrt{1-\beta^2}}, \; j_y' = j_y, \; j_z' = j_z, \; \varrho' = \frac{\varrho - \frac{v\,j_x}{c^2}}{\sqrt{1-\beta^2}}$$

→

- Verkopplung der elektrischen und magnetischen Felder. Durch Wechsel des Bezugssystems kann man elektrische und magnetische Felder „wegtransformieren“ oder „entstehen“ lassen.

*Abb. 28: Das Programm der speziellen Relativitätstheorie ist die Zurückführung einer Vielzahl von physikalischen Tatsachen auf ein **einziges Invarianzgesetz**, auf eine mathematische Grundstruktur und damit eine Bestätigung des Leitsatzes: **„simplex sigillum veri“** = „Das Einfache ist der Siegel des Wahren“, der in großen Lettern im Physikhörsaal der Universität Göttingen steht.* *Quelle: Wünschmann*

Invarianz und Myonen-Experiment

Wir hatten auf Seite 38 ausgeführt, dass man aufgrund der **Invarianz der Physik gegenüber gleichförmiger Bewegung** zwei gleichberechtigte Möglichkeiten hat, den experimentellen Tatbestand „Myon erreicht Meeresspiegel" zu beschreiben: Im Ruhsystem der Erde durch die **Zeitdehnung**, im Ruhsystem des Myons durch die **Lorentzkontraktion.** Diese wichtige Erkenntnis wollen wir jetzt quantifizieren.

33 Wir beobachten in einer Höhe von 9000 m in einem Detektor $10^6 = 1$ Million Myonen in einem bestimmten Zeitintervall. Sie haben die Geschwindigkeit v = 0,9978 c in Richtung Erde. Die Myonen zerfallen nach dem Gesetz $N(t) = N_0 e^{-t/\tau}$. N_0 ist die ursprüngliche Anzahl der Myonen zum Zeitpunkt t = 0, N (t) die Anzahl zum Zeitpunkt t und τ = mittlere Lebensdauer = 2 μ sec. Wieviele Myonen erreichen die Erdoberfläche (= Meereshöhe)? Rechne relativistisch.

Aufgrund der Invarianz der Physik gegenüber gleichförmiger Bewegung ergeben sich zwei Möglichkeiten der Beschreibung.

Der Beobachter im Ruhsystem des Myons sagt:
Die Erde rast mit v = 0,9978 c auf mich zu. Aufgrund der Lorentzkontraktion messe ich im Ruhsystem des Myons nur die Entfernung 9000 m/15 = 600 m, die die Erde überwinden muss. Diese **lorentzverkürzte** Strecke wird von der Erde in $\tau = 2\,\mu$ sec zurückgelegt (Eigenzeit im Ruhsystem des Myons). Der Meeresspiegel wird also nach τ erreicht. Die Anzahl der Myonen ist dann
$N(t = \tau) = N_0\, e^{-1} = 10^6 \cdot e^{-1} =$ **370 000 Myonen.**

Der Beobachter im Ruhsystem der Erde sagt:
Das Myon bewegt sich mit v = 0,9978 c auf mich zu, d. h. $\alpha = (1 - \beta^2)^{-1/2} = 15$. Aufgrund der **Zeitdehnung** erfolgen die Zerfallsakte um den Faktor 15 langsamer, ich stelle die Zerfallskurve $N(t) = N_0\, e^{-t/15\tau}$ im Ruhsystem der Erde fest (Abb.29). Um die 9000 m zurückzulegen, braucht das Myon die Zeit t = 15 τ. Die Anzahl der Myonen am Meeresspiegel ist:
$N(t = 15\tau) = N_0\, e^{-t/15\tau} = N_0\, e^{-15\tau/15\tau} = N_0 e^{-1} = 10^6 e^{-1} =$ **370 000 Myonen.**

Beide Beobachter kommen zu dem **gleichen** Resultat: Von 1 Million Myonen in 9 000 m Höhe erreichen nach der speziellen Relativitätstheorie 370 000 Myonen den Meeresspiegel.
Nach der **Newtonschen Physik** hingegen kämen am Meeresspiegel nur
$N(t = 15\tau) = N_0\, e^{-15} = 10^6\, e^{-15} =$ **0,31 Myonen** an, da es hier weder eine Zeitdehnung noch eine Lorentzkontraktion gibt. Das Experiment hat zugunsten Einsteins entschieden.

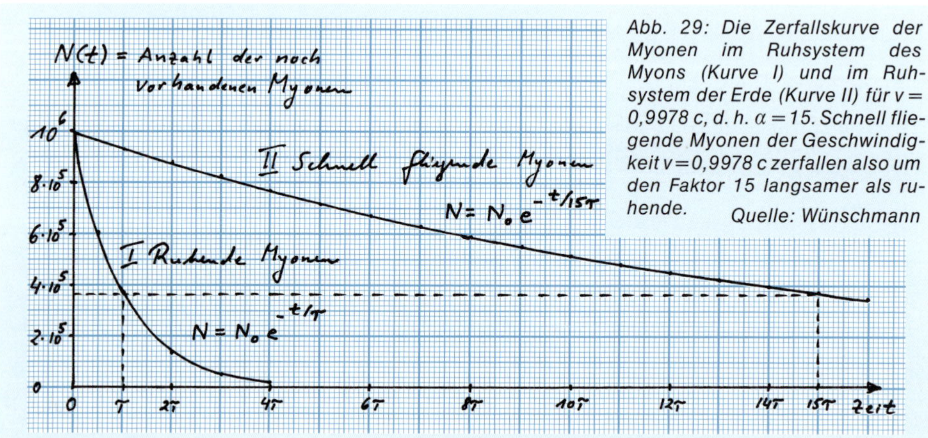

Abb. 29: Die Zerfallskurve der Myonen im Ruhsystem des Myons (Kurve I) und im Ruhsystem der Erde (Kurve II) für v = 0,9978 c, d. h. $\alpha = 15$. Schnell fliegende Myonen der Geschwindigkeit v = 0,9978 c zerfallen also um den Faktor 15 langsamer als ruhende. *Quelle: Wünschmann*

In unsere relativistischen Formeln geht über $\beta^2 = v^2/c^2$ das Quadrat der Geschwindigkeit ein, welches **unabhängig** von der Richtung im Raum ist. Daher dürfen die Ergebnisse z. B. über die Zeitdehnung auf die **gleichförmige Kreisbewegung** übertragen werden.
Die Physiker konnten daher zur Nachprüfung der Zeitdehnung 1976 in CERN ein **klassisches Experiment mit Myonen** durchführen. Die Myonen wurden auf die riesige Geschwindigkeit von v = 0,9994 c gebracht und in einen Speicherring eingespeist. Rund um den Ring waren Zähler aufgestellt, mit denen die bei den Myonenzerfällen erzeugten Elektronen registriert wurden. Auf diese Weise konnte die Zerfallskurve der Myonen ermittelt werden. Das Ergebnis war, dass diese sehr schnellen Myonen genau um den Faktor

$$\alpha = (1 - \beta^2)^{-1/2} = (1 - 0{,}9994^2)^{-1/2} = (1 - 0{,}9988)^{-1/2} = 0{,}0012^{-1/2} = \mathbf{28{,}87}$$

langsamer zerfallen als ruhende. Das CERN-Experiment hat diese Voraussage der speziellen Relativitätstheorie innerhalb eines Fehlers von zwei Promille bestätigt.

Die Lorentz-Invarianz der elektrischen Ladung Q

Im Allgemeinen sind in der Materie die positiven und negativen Ladungen der Protonen und Elektronen so **wunderbar ausbalanciert,** dass die Körper nach außen hin **elektrisch ungeladen** erscheinen. Würde die elektrische Ladung keine Lorentzinvariante Größe sein und hinge von der Geschwindigkeit ab, so würden z. B. beim Erhitzen eines Metallkörpers riesige elektrische Abstoßungskräfte auftreten, da sich die schweren Metallionen langsamer bewegen als die leichten Elektronen. Dass dies **nicht** passiert, verdanken wir der **Lorentz-Invarianz der elektrischen Ladung Q.**
Kleine Störungen der elektrischen Balance bewirken gewaltige Abstoßungskräfte. Dies zeigt das folgende Beispiel. Die Rechnung ist vereinfacht, lässt aber das Wesentliche erkennen.

34 Zwei Personen der Masse 72 kg geben sich die Hand und befinden sich in einem Abstand von r = 0,5 m. Da der Mensch zu 65 % aus Wasser besteht, wollen wir die vereinfachende Annahme machen, er bestünde zu 100 % aus Wasser. Ferner soll die gesamte Masse im Personenschwerpunkt vereint sein. Welche Abstoßungskraft träte auf, wenn die elektrische Balance um 1 % gestört, d. h. wenn 1 % mehr negative Ladung als positive vorhanden wäre?
Wir berechnen zunächst den Ladungsüberschuss pro Person.

1 kg-Mol Wasser = 18 kg Wasser enthalten $6 \cdot 10^{26}$ Moleküle H_2O

72 kg Wasser enthalten $6 \cdot 10^{26} \cdot 4 = 24 \cdot 10^{26}$ Moleküle H_2O

1 Molekül H_2O enthält 2 + 8 = 10 Elektronen

Damit beträgt die gesamte Elektronenladung der Person

$Q = 24 \cdot 10^{26} \cdot 10 \cdot 1{,}6 \cdot 10^{-19}$ Cb $= 38{,}4 \cdot 10^{8}$ Cb

Bei 1 % Ladungsüberschuss sind dies $Q_1 = Q_2 = 38{,}4 \cdot 10^{6}$ Cb

Die Abstoßungskraft ergibt sich aus dem Coulomb-Gesetz:

$F = Q_1 \cdot Q_2 / 4\pi\,\varepsilon_0\, r^2$ mit $r^2 = 0{,}25$ m^2 und ε_0 = Influenzkonstante $= 8{,}8542 \cdot 10^{-12}$ Cb^2 / N $\cdot$ m^2

$$F = \frac{38{,}4 \cdot 10^{6} \cdot 38{,}4 \cdot 10^{6}\ \text{Cb}^2}{4\pi \cdot 8{,}8542 \cdot 10^{-12}\ \text{Cb}^2/\text{N m}^2 \cdot 0{,}25\ \text{m}^2} = 53{,}04 \cdot 10^{24}\ \text{N} = \frac{53{,}04}{9{,}81} \cdot 10^{24}\ \text{kp} = \mathbf{5{,}41 \cdot 10^{24}\ kp}$$

Zum Vergleich: Die Masse der Erde beträgt $5{,}97 \cdot 10^{24}$ kg.
Damit erhalten wir das erstaunliche Ergebnis: Bei 1 % Ladungsüberschuss wäre die abstoßende Kraft zwischen den beiden Personen so riesig, dass sie ausreichen würde, nicht nur ein ganzes Hochhaus oder gar den Mount Everest hochzuheben. Nein! Die abstoßende Kraft würde ausreichen, einen Körper vom **Gewicht der ganzen Erde** hochzuheben! Die **Lorentz-Invarianz der elektrischen Ladung,** d. h. ihre Unabhängigkeit vom Bewegungszustand, sorgt dafür, dass so etwas nicht passiert und ist daher von **fundamentaler Bedeutung für die physikalische Stabilität unserer materiellen Welt.**

Abschließend wollen wir die Frage beantworten:

Wie geht die relativistische Mechanik aus der Newtonschen hervor?

Wir haben mehrfach betont, dass für den Grenzfall $v \ll c$ die relativistische Mechanik in die Newtonsche übergeht. Was heißt das?
Manche Pragmatiker meinen, der Physiker gehe bei der Entwicklung einer neuen Theorie ähnlich vor wie der Ingenieur, der etwa eine Brücke konstruiert. Der Ingenieur bemerkt dabei, dass die statischen Formeln für seine Konstruktion nicht ganz ausreichen. Er muss etwa für den Winddruck, für die Alterung des Materials, für Temperaturschwankungen noch Korrekturen anbringen, die er durch Zusätze in die bisherigen Formeln einbauen kann. So ähnlich – meinen diese Pragmatiker – machen es die Physiker, wenn sie z. B. durch Verbesserung der Newtonschen Mechanik zur relativistischen gelangen.
Dass eine **solche Auffassung grundsätzlich falsch** ist, hat Werner Heisenberg (1932 Nobelpreis für Physik) in seinem Buch „Der Teil und das Ganze" eindrucksvoll dargelegt. Er schreibt:

„Ich glaube, dass man die Newtonsche Mechanik ***überhaupt nicht verbessern*** *kann; und damit meine ich Folgendes: Sofern man irgendwelche Erscheinungen mit den Begriffen der Newtonschen Physik, nämlich Ort, Geschwindigkeit, Beschleunigung, Masse, Kraft usw. beschreiben kann, so gelten auch die Newtonschen Gesetze in aller Strenge, und daran wird sich auch in den nächsten hunderttausend Jahren nichts geändert haben ...*
Solange wir von einer scheinbar absoluten Zeit reden können, die vom Ort und vom Bewegungszustand des Beobachters unabhängig ist, solange wir es mit starren oder praktisch starren Körpern bestimmter Ausdehnung zu tun haben, so gelten auch die Newtonschen Gesetze. Aber wenn es sich um Vorgänge mit ***sehr hohen Geschwindigkeiten*** *handelt, und wir dann sehr genau messen, so bemerken wir, dass die Begriffe der Newtonschen Mechanik nicht mehr recht auf die Erfahrung passen. Dass also zum Beispiel die Uhr eines bewegten Beobachters langsamer zu laufen scheint, als die eines ruhenden usw., und dann müssen wir zur* ***relativistischen Mechanik*** *übergehen ...*
Es wäre ***völlig falsch,*** *die grundsätzlichen Änderungen, die beim Übergang von der Newtonschen Mechanik zur relativistischen oder zur Quantenmechanik auftreten, mit den Verbesserungen des Ingenieurs auf eine Stufe zu stellen. Denn der Ingenieur braucht ja, wenn er verbessert, an seinen bisherigen Begriffen nichts zu ändern. Alle Wörter behalten die Bedeutung, die sie vorher hatten, nur werden in den Formeln Korrekturen angebracht für Einflüsse, die man vorher vernachlässigt hatte. Änderungen solcher Art aber hätten in der Newtonschen Mechanik* ***gar keinen Sinn.*** *Es gibt keine Experimente, die sie nahelegten. Darin besteht eben der immer noch gültige Absolutheitsanspruch der Newtonschen Physik, dass sie in ihrem Anwendungsbereich nicht durch kleine Abänderungen verbessert werden kann, dass sie hier längst ihre* ***endgültige Form*** *gefunden hat. Es gibt aber Erfahrungsbereiche, in denen wir mit dem Begriffssystem der Newtonschen Mechanik nicht mehr durchkommen. Für solche Erfahrungsbereiche brauchen wir* ***ganz neue begriffliche Strukturen,*** *und die werden zum Beispiel durch die* ***Relativitätstheorie*** *und* ***Quantenmechanik*** *geliefert. Die Newtonsche Physik hat, darauf kommt es mir an, einen Grad von Abgeschlossenheit, den das physikalische Rüstzeug des Ingenieurs niemals besitzt. Die Abgeschlossenheit bewirkt, dass es* ***keine*** *kleinen Verbesserungen geben kann. Aber der Übergang zu einem ganz neuen Begriffssystem mag möglich sein, wobei das alte System dann wohl als Grenzfall in dem Neuen enthalten sein muss."*

Fazit: Bei der Entwicklung einer neuen physikalischen Theorie werden **neue begriffliche Strukturen** benötigt, in der speziellen Relativitätstheorie z. B. verschmelzen Raum und Zeit zu einem Vierervektor. Dies ist etwas grundsätzlich Neues, das in der Newtonschen Mechanik nicht vorkommt. Gleichzeitig gehen die relativistischen Formeln für $v \ll c$ in die klassischen über. Insofern verläuft das Fortschreiten der physikalischen Erkenntnis **diskontinuierlich** und ist mit den kontinuierlichen Verbesserungen des Ingenieurs **ganz und gar nicht** vergleichbar.

Einsteins Modifikation der Newtonschen Grundgleichung

Um das Thema abzurunden, besprechen wir noch **Einsteins Modifikation der Newtonschen Grundgleichung.**

Im Rahmen seiner speziellen Relativitätstheorie hat Einstein die wichtige Frage beantwortet: **Wie muss die Grundgleichung der Newtonschen Mechanik F = m x a = Masse x Beschleunigung abgeändert werden, damit sie für hohe Geschwindigkeiten = relativistischer Bereich gilt?**

Die klassische Newtonsche Mechanik definiert: **Zeitableitung des Impulses = wirkende Kraft.** In Formeln:

$$\dot{p}_{\text{klass.}} = \frac{dp}{dt} = \frac{d(mv)}{dt} = m \cdot \frac{dv}{dt} = m \cdot a = F$$

In der Newtonschen Physik ist m = konstant, d. h. m darf vor das Differentiationszeichen gezogen werden.

Nun hat die spezielle Relativitätstheorie gezeigt, dass die Annahme einer konstanten Masse m nur eine Näherung für kleine Geschwindigkeiten ist. Im Bereich hoher Geschwindigkeiten ist m eine Funktion von v.

35 Wir werden jetzt zeigen: Ganz analog zur Newtonschen Mechanik lässt sich in der **relativistischen** Mechanik die Kraft F als Zeitableitung des **relativistischen** Impulses definieren. Der Unterschied zur alten Newtonschen Mechanik besteht darin, dass m jetzt nicht mehr vor das Differentiationszeichen gesetzt werden darf, da **m selbst veränderlich** ist.

Zunächst gilt auch für den Bereich hoher Geschwindigkeiten $\Delta E = F \cdot \Delta x$

In Worten: Energiezuwachs ΔE = Kraft F x Weg Δx. Wir wollen den Beweis nicht vektoriell führen, sondern vereinfachend annehmen, dass F, Δx, v, $\dot{v}$ gleichgerichtet sind, d. h. wir betrachten eine geradlinige Bewegung. Man denke z. B. an einen Linearbeschleuniger. Im Beschleunigerspalt werden die geladenen Teilchen in einem homogenen elektrischen Feld längs der Spaltweite Δx beschleunigt. Hier wirkt die konstante Kraft F = Ladung x elektrische Feldstärke. Bei jedem Spalt erfährt das Teilchen den Energiezuwachs $\Delta E = F \cdot \Delta x$. Längen- und Zeitmessungen werden also im Laborsystem = Ruhsystem des Beobachters durchgeführt.

$$\frac{\Delta E}{\Delta t} = F \cdot \frac{\Delta x}{\Delta t}$$ Für den Grenzübergang $\Delta t \longrightarrow 0$ heißt das:

$$\lim_{\Delta t \to 0} \frac{\Delta E}{\Delta t} = \frac{dE}{dt} = \dot{E} = F \cdot \frac{dx}{dt} = F \cdot v$$

In Worten: $\dot{E}$ = Leistung = pro Zeiteinheit aufgenommene Energie des Teilchens = $F \cdot v$; je größer v, desto schneller nimmt das Teilchen die Energie ΔE auf.

Jetzt verwenden wir den **relativistischen Energiesatz** $E^2 = E_0^2 + p^2c^2$ und differenzieren beide Seiten nach t: $2E\dot{E} = 2p\dot{p}\,c^2$

Der relativistische Impuls ist $p = \dfrac{m_0 v}{\sqrt{1-\frac{v^2}{c^2}}} \cdot \dfrac{c^2}{c^2} = \dfrac{E \cdot v}{c^2}$

Eingesetzt in $E\dot{E} = p\dot{p}\,c^2 \longrightarrow E \cdot F \cdot v = \dfrac{E \cdot v}{c^2}\,\dot{p}\,c^2 \longrightarrow \mathbf{F} = \dot{\mathbf{p}}_{\text{relativ.}} = \dfrac{d}{dt}\left(\dfrac{m_0 v}{\sqrt{1-\beta^2}}\right)$

Damit erhalten wir das fundamentale Ergebnis Einsteins: Für die **relativistische** Mechanik gilt die Grundgleichung: **Kraft F = Zeitableitung des relativistischen Impulses p.**

Die Grundgleichung der klassischen Mechanik geht also in die Grundgleichung der relativistischen Mechanik über wenn man den **klassischen Impuls durch den relativistischen ersetzt.** Diese einfachen axiomatischen Strukturen bestätigen eindrucksvoll den Heisenberg-Satz: **„Das wichtigste Wahrheitskriterium unserer Wissenschaft ist die am Schluss stets aufleuchtende Einfachheit der Naturgesetze“** (Werner Heisenberg: Der Teil und das Ganze, dtv).

Im Bereich hoher Geschwindigkeit geht nach Einstein die Beschleunigung gegen Null

Im Bereich sehr hoher Geschwindigkeit v nahezu c steigt bei weiterer Energiezufuhr die Geschwindigkeit der Teilchen praktisch **nicht** mehr an, d. h. $a_{rel.} = \frac{dv}{dt} \longrightarrow 0$. Die zugeführte Energie wird vielmehr dazu verwendet, die Masse der Teilchen zu erhöhen.

36 Auf ein Teilchen der Ruhmasse m_0 wirke die konstante Kraft F in Richtung v. Die Beschleunigung $a_0 = F/m_0$ ist dann bei Newton konstant. Nach Newton würde also ein Teilchen bei $a_0 = 10\ m/sec^2$ nach etwa 1 Jahr Lichtgeschwindigkeit erreichen: $t = c/a_0 = 3 \cdot 10^7$ sec = 0,95 a. **Ganz anders bei Einstein: Hier sinkt $a_{rel.}$ gegen Null ab,** wenn die Geschwindigkeit v sich der Lichtgeschwindigkeit c nähert. Daher kann c prinzipiell nicht erreicht werden. Zeige, dass $a_{rel.} = a_0 \left(1 - \frac{v^2}{c^2}\right)^{\frac{3}{2}}$

Wir verwenden die relativistische Grundgleichung und differenzieren nach der **Kettenregel:**

$$F = \frac{dp_{rel.}}{dt} = \frac{dp_{rel.}}{dv} \cdot \frac{dv}{dt}$$

Es ist $p_{rel.} = \dfrac{m_0\, v}{\sqrt{1 - \frac{v^2}{c^2}}} = m_0 v \left(1 - \frac{v^2}{c^2}\right)^{-\frac{1}{2}}$

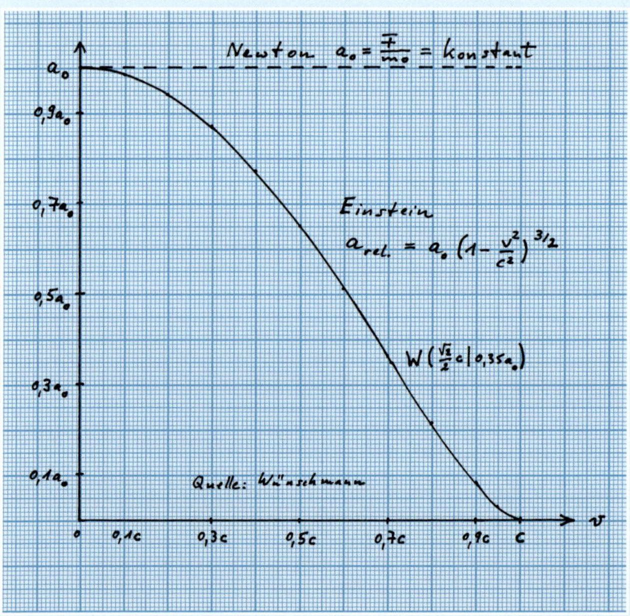

Abb. 30: Beschleunigung als Funktion der Geschwindigkeit nach Newton (a_0) und Einstein ($a_{rel.}$) · F, v, $\dot{v}$ seien gleichgerichtet, d. h. die Bewegung erfolgt geradlinig. Für v = 0,1c ergibt sich z. B.

$$a_{rel.} = a_0 \left(1 - \frac{v^2}{c^2}\right) \sqrt{1 - \frac{v^2}{c^2}}$$
$$= a_0 \, (1 - 0{,}01) \sqrt{1 - 0{,}01}$$
$$= a_0 \cdot 0{,}99 \sqrt{0{,}99} = 0{,}985\, a_0.$$

Die Kurve $a_{rel.}$ hat bei v = 0 das Maximum a_0, bei v = c das Minimum 0 und bei $v = \frac{\sqrt{2}}{2}c$ = 0,71 c den Wendepunkt W (d. h. $\frac{d^2 a_{rel.}}{dv^2} = 0$).

Die **Produktregel** der Differentialrechnung ergibt:

$$\frac{dp_{rel.}}{dv} = m_0 \;(1-\frac{v^2}{c^2})^{-\frac{1}{2}} + m_0 v \;(-\frac{1}{2})\;(1-\frac{v^2}{c^2})^{-\frac{3}{2}}\;(-\frac{2v}{c^2}) = \frac{m_0}{\sqrt{1-\frac{v^2}{c^2}}} + \frac{m_0\frac{v^2}{c^2}}{\left(\sqrt{1-\frac{v^2}{c^2}}\right)^3}$$

$$= \frac{m_0\;(1-\frac{v^2}{c^2}) + m_0\;\frac{v^2}{c^2}}{\left(\sqrt{1-\frac{v^2}{c^2}}\right)^3} = \frac{m_0}{(1-\frac{v^2}{c^2})^{\frac{3}{2}}}$$

$$F = m_0\,a_0 = \frac{dp_{rel.}}{dv}\cdot\frac{dv}{dt} = \frac{m_0}{(1-\frac{v^2}{c^2})^{\frac{3}{2}}}\cdot a_{rel.} \longrightarrow \mathbf{a_{rel.} = a_0\;(1-\frac{v^2}{c^2})^{\frac{3}{2}}}$$

Für $v \longrightarrow 0$ folgt $a_{rel.} \longrightarrow a_0$ Für $v \longrightarrow c$ folgt $a_{rel.} \longrightarrow 0$

Abb. 30 zeigt die Beschleunigung als Funktion von v nach Newton und Einstein. Bei $v \longrightarrow c$ wird nach Einstein die Masse des Teilchens so groß, dass eine endliche Kraft keinen Geschwindigkeitszuwachs mehr zustande bringt, d.h. $a_{rel.} \longrightarrow 0$.

$E_{kin.}$ nach Newton und Einstein

Kennt man das Kraftgesetz $F = \dot{p}$, so lässt sich durch einfache **Integration** die kinetische Energie $E_{kin.}$ des Teilchens bestimmen. Nach **Newton** sieht das so aus:

$$dE = F\cdot dx = \dot{p}_{kl.}\cdot dx = m_0\,\frac{dv}{dt}\,dx. \quad \text{Nun ist } dx = v\cdot dt$$

$$\longrightarrow dE = m_0\,\frac{dv}{dt}\,v\cdot dt = m_0\,v\,dv.$$

$$\longrightarrow E^{kl.}_{kin.} = \int dE = m_0 \int_0^v v\;dv = \mathbf{\frac{1}{2}\;m_0\,v^2}$$

Relativistisch ist die Rechnung analog, nur ist für die geradlinige Bewegung

$$\dot{p}_{rel.} = F = \frac{m_0}{(1-\frac{v^2}{c^2})^{\frac{3}{2}}}\;\frac{dv}{dt} \quad \text{anzusetzen.}$$

$$dE = F\cdot dx = \frac{m_0}{(1-\frac{v^2}{c^2})^{\frac{3}{2}}}\cdot\frac{dv}{dt}\cdot dx = \frac{m_0}{(1-\frac{v^2}{c^2})^{\frac{3}{2}}}\;\frac{dv}{dt}\,v\cdot dt$$

$$\int dE = E^{rel.}_{kin.} = m_0 \int_0^v \frac{v\;d\,v}{(1-\frac{v^2}{c^2})^{\frac{3}{2}}} = m_0\;\frac{c^2}{\sqrt{1-\frac{v^2}{c^2}}}\Bigg|_0^v$$

$$E^{rel.}_{kin.} = \frac{m_0\,c^2}{\sqrt{1-\frac{v^2}{c^2}}} - m_0\,c^2 = E - E_0 = \mathbf{m_0\,c^2\left(\frac{1}{\sqrt{1-\beta^2}} - 1\right)}$$

Damit ist alles bewiesen. Für $v \ll c$ ist näherungsweise

$$E^{rel.}_{kin.} = m_0\,c^2\,(1 + \frac{1}{2}\,\frac{v^2}{c^2} + ... - 1) \approx \frac{1}{2}\;m_0\,v^2 = E^{kl.}_{kin.}$$

und wir erhalten für kleine Geschwindigkeiten die bekannte Newtonsche Formel für $E_{kin.}$ Man sieht, wie für kleine v die Newtonschen Strukturen bestehen bleiben und für v nahezu c die Newtonsche Theorie in die umfassendere Theorie von Einstein übergeht.

Kein Körper kann nach Einstein Lichtgeschwindigkeit erreichen

Kein Körper kann Lichtgeschwindigkeit erreichen - diese zentrale Aussage Einsteins wollen wir quantifizieren und anschaulich darstellen (siehe auch Seite 34 - 35).

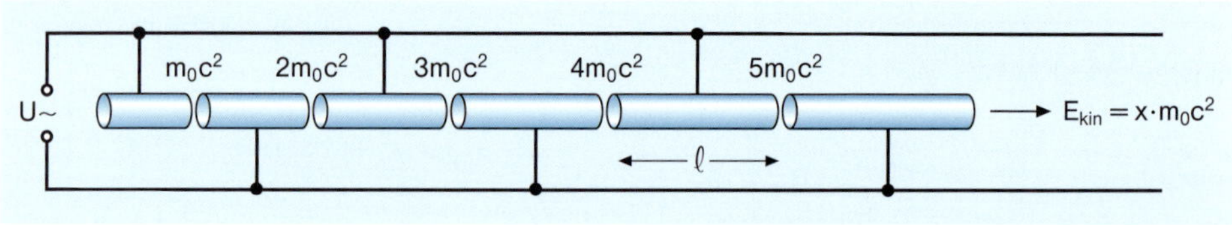

In einem **Linearbeschleuniger** durchlaufen Elektronen hintereinander aufgereihte, röhrenförmige Metallelektroden. Die Rohrstücke liegen abwechselnd an den Polen einer Wechselspannungsquelle. In einem solchen Rohr herrscht kein elektrisches Feld; die Beschleunigung erfolgt jedesmal zwischen zwei Rohrstücken. Die Frequenz der Wechselspannung muss so sein, dass die Teilchen an jeder Trennstelle eine beschleunigende Phase des Feldes vorfinden. Ihre Laufzeit durch jedes Rohrstück muss also die halbe Feldperiode sein: $t = \frac{T}{2} = \frac{\ell}{v}$ oder $v = \frac{2\ell}{T}$. Daher müssen die Rohre mit wachsender Geschwindigkeit immer länger werden. Auf diese Weise werden in dem 3 km langen Linearbeschleuniger in Stanford Elektronen auf eine Endenergie von 50 GeV gebracht.

Die Ruhenergie des Elektrons beträgt 0,511 MeV. Zwischen den Rohrstücken liege die Scheitelspannung $U_{max} = 0{,}511$ MV = 511 kV, d. h. die Elektronen nehmen zwischen jedem Rohr die kinetische Energie $E_{kin.} = m_0\,c^2 = 0{,}511$ MeV auf. Wie wächst die Geschwindigkeit des Elektrons nach **Einstein** und nach **Newton** als Funktion seiner kin. Energie an?

Nach **Einstein** gilt:

$$E_{kin.} + E_0 = E, \text{ d. h. } x \cdot m_0 c^2 + m_0 c^2 = \frac{m_0 c^2}{\sqrt{1 - \frac{v^2}{c^2}}}$$

$$x + 1 = \frac{1}{\sqrt{1 - \frac{v^2}{c^2}}} \longrightarrow \mathbf{v = \sqrt{1 - \frac{1}{(1+x)^2}} \cdot c}$$

für $x = \frac{1}{20} \longrightarrow v = \sqrt{1 - \frac{400}{441}}\, c = 0{,}305\,c$

für $x = \frac{1}{10} \longrightarrow v = \sqrt{1 - \frac{100}{121}}\, c = 0{,}417\,c$

für $x = \frac{1}{4} \longrightarrow v = \sqrt{1 - \frac{16}{25}}\, c = 0{,}6\,c$

für $x = \frac{1}{2} \longrightarrow v = \sqrt{1 - \frac{4}{9}}\, c = 0{,}745\,c$

für $x = 1 \longrightarrow v = \sqrt{1 - \frac{1}{4}}\, c = 0{,}866\,c$

$x = 2 \longrightarrow v = \sqrt{1 - \frac{1}{9}}\, c = 0{,}943\,c$

$x = 3 \longrightarrow v = \sqrt{1 - \frac{1}{16}}\, c = 0{,}968\,c$

$x = 4 \longrightarrow v = \sqrt{1 - \frac{1}{25}}\, c = 0{,}980\,c$

$x = 5 \longrightarrow v = \sqrt{1 - \frac{1}{36}}\, c = 0{,}986\,c$

$x = 6 \longrightarrow v = \sqrt{1 - \frac{1}{49}}\, c = 0{,}990\,c$

Für $x \longrightarrow \infty$ folgt nach Einstein $v \longrightarrow c$. Die Lichtgeschwindigkeit stellt also eine **oberste Grenzgeschwindigkeit** dar.

Nach **Newton** stellt sich der Sachverhalt für hohe Geschwindigkeiten **ganz anders** dar. Es gilt:

$$x \cdot eU_{max.} = x\, m_0\, c^2 = \frac{1}{2}\, m_0\, v^2 \longrightarrow \mathbf{v = \sqrt{2\,x} \cdot c}$$

Bereits bei $x = \frac{1}{2}$, also bei der kin. Energie von 0,2555 MeV, würden die Elektronen Lichtgeschwindigkeit erreichen. Für $x \longrightarrow \infty$ geht nach Newton auch $v \longrightarrow \infty$.

Abb. 31 zeigt die Geschwindigkeit der Elektronen als Funktion ihrer kinetischen Energie nach Einstein und Newton. Man erkennt: Nur bei **kleinen** kinetischen Energien ($x < \frac{1}{20}$) fallen die Geschwindigkeiten der Elektronen nach Einstein und Newton zusammen = nichtrelativistischer Bereich. Für $x << 1$ geht also $v_{Einstein} \longrightarrow v_{Newton.}$ Denn bei Vernachlässigung der quadratischen Glieder ist:

$$v_{Einstein} = c\sqrt{1 - \frac{1}{(1+x)^2}} = c\sqrt{1 - \frac{1}{1+2x+x^2}} \approx c\sqrt{1 - \frac{1}{1+2x}} \approx c\sqrt{1-(1-2x)} = c\sqrt{2x} = v_{Newton}$$

Es ist das schöne Los der alten Newtonschen Theorie für kleine v bestehen zu bleiben und für große v in der umfassenderen Theorie Einsteins aufzugehen.

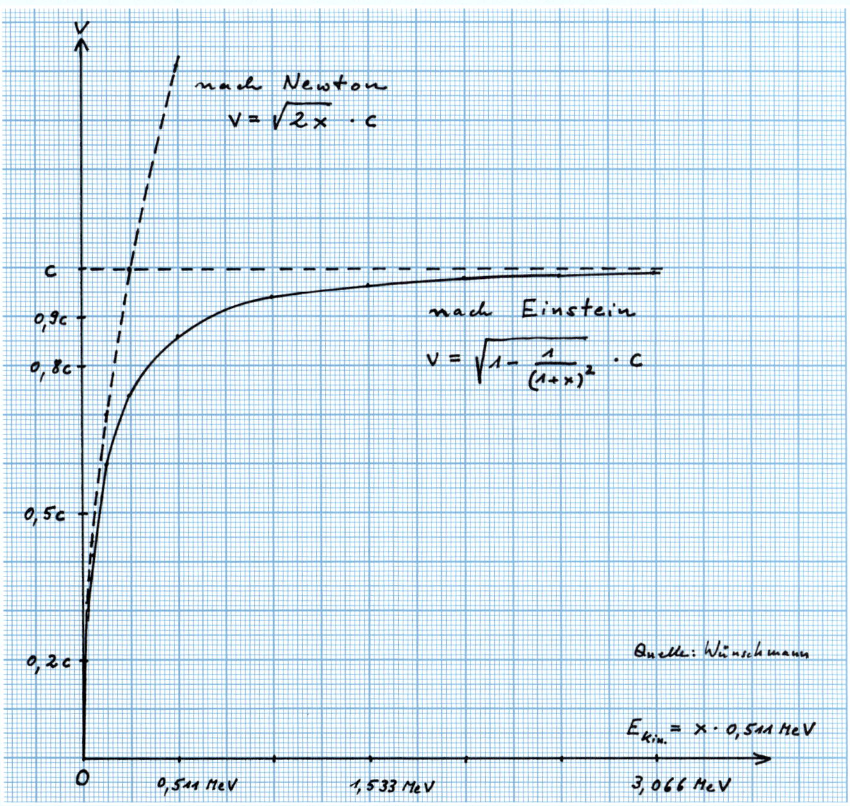

Abb. 31: Geschwindigkeit der Elektronen als Funktion der kin. Energie nach Newton und Einstein. Dieser Geschwindigkeitsaufbau sieht z.B. für Protonen genauso aus, nur muss dann der Maßstab auf der Energie-Achse geändert werden, d. h. die Energiewerte müssen in Vielfache der Ruhenergie des Protons $E_{kin} = x \cdot 938{,}3$ MeV angegeben werden. So haben Elektronen der kin. Energie $E_{kin} = 6\, m_0\, c^2 = 3{,}066$ MeV und Protonen der Energie $E_{kin} = 6\, m_0\, c^2 = 5{,}63$ GeV nach Einstein die ***gleiche Geschwindigkeit*** *$v = 0{,}99\, c$.*

Der Compton-Effekt

Eine besonders schöne Anwendung des **relativistischen Energiesatzes** ist der berühmte, 1922 von dem amerikanischen Physiker Arthur Holly Compton (1927 Nobelpreis) entdeckte **Compton-Effekt**. Er zeigt unmittelbar den **korpuskularen** Aspekt der elektromagnetischen Strahlung: Harte Röntgenstrahlung fällt auf ein Material geringen Atomgewichts, etwa Paraffin oder Graphit. Die sekundäre Strahlung wird spektroskopisch untersucht, dabei zeigt sich ein Teil gegen die primäre Strahlung nach der Seite der längeren Wellen verschoben, wobei die Verschiebung $\Delta\lambda$ **nur** vom Streuwinkel θ abhängt. Es findet ein elastischer Zweierstoß Röntgenquant - Elektron statt, der von den **Erhaltungssätzen des Impulses und der Energie** beherrscht wird. Das Elektron werde vor dem Stoß als ruhend und praktisch frei angenommen (Skizze). Die folgende relativistische Rechnung zeigt, dass sich die Zunahme der Wellenlänge aus der einfachen Relation $\Delta\lambda = \frac{h}{m_0 c}(1 - \cos\theta)$ ergibt.

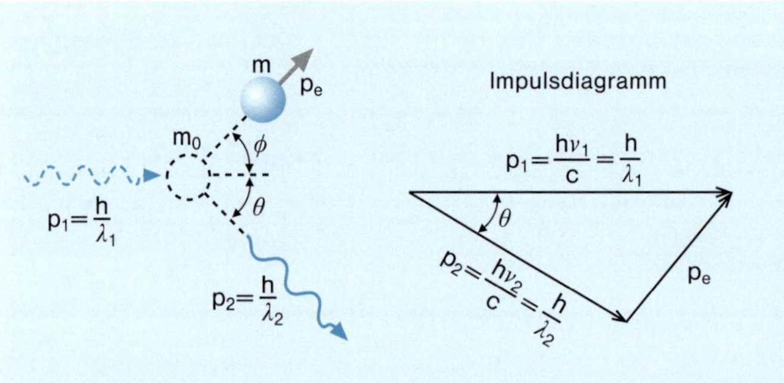

***Compton-Streuung** eines Röntgenquantes an einem Elektron. Das gestreute Photon besitzt wegen des Rückstoßes des Elektrons eine geringere Energie, d.h. eine größere Wellenlänge als das einfallende Photon. Bothe und Geiger haben 1925 durch Koinzidenzmessungen nachgewiesen, dass die Streuung des Röntgenquantes und der Rückstoß des Elektrons in der Tat **gleichzeitig** erfolgen.*

Der **Impulssatz** ergibt: $p_e^2 = p_1^2 + p_2^2 - 2p_1p_2\cos\theta$ (= Cosinussatz)

Der **relativistische Energiesatz** (s. Seite 63) ergibt:

$$p_1 \cdot c + m_0c^2 = p_2 \cdot c + \sqrt{m_0^2c^4 + p_e^2c^2} = p_2 \cdot c + c\sqrt{m_0^2c^2 + p_e^2}$$

$$(p_1 - p_2) + m_0c = \sqrt{m_0^2c^2 + p_e^2}$$

Quadrieren ergibt: $p_1^2 - 2p_1p_2 + p_2^2 + 2m_0c(p_1 - p_2) + \cancel{m_0^2}c^2 = \cancel{m_0^2}c^2 + p_e^2$

Jetzt berücksichtigen wir den Impulssatz:

$$\cancel{p_1^2} - 2p_1p_2 + \cancel{p_2^2} + 2m_0c(p_1 - p_2) = \cancel{p_1^2} + \cancel{p_2^2} - 2p_1p_2\cos\theta$$

$p_1p_2(1 - \cos\theta) = m_0c(p_1 - p_2)$ Nun ist: $p_1 = h/\lambda_1$ und $p_2 = h/\lambda_2$

also: $\frac{h}{\lambda_1} \cdot \frac{h}{\lambda_2}(1 - \cos\theta) = m_0c \cdot h\frac{(\lambda_2 - \lambda_1)}{\lambda_1 \cdot \lambda_2} = m_0c \cdot h\frac{\Delta\lambda}{\lambda_1 \cdot \lambda_2}$

$$\rightarrow \Delta\lambda = \frac{h}{m_0c}(1 - \cos\theta) = \frac{6{,}625 \cdot 10^{-34}}{9{,}1 \cdot 10^{-31} \cdot 3 \cdot 10^8}(1 - \cos\theta) \text{ in Meter [m]}$$

$\rightarrow$ **$\Delta\lambda = 2{,}43 \cdot 10^{-12}(1 - \cos\theta)$** [m]

Für $\theta = 90°$ ergibt sich z.B. eine Zunahme der Wellenlänge um $\Delta\lambda = 2{,}43 \cdot 10^{-12}$ m, die das Experiment sehr genau bestätigt hat. Wegen der relativ großen Masse des Elektrons tritt eine messbare Verschiebung der Wellenlänge erst bei energiereichen Röntgenstrahlen auf.

Der Compton-Effekt beweist die Richtigkeit der Photonenvorstellung und die **Gültigkeit des relativistischen Energie- und Impulssatzes bei der Wechselwirkung zwischen Materie und Strahlung.**

37 Man bezeichnet die Konstante $\frac{h}{m_0 c}$ als **Compton-Wellenlänge** λ_C. Ein Photon mit der Compton-Wellenlänge λ_C besitzt die Energie $E = h\nu_C = \frac{hc}{\lambda_C} = \frac{hc \cdot m_0 c}{h} = m_0 c^2$ = Ruhenergie des Elektrons.

Ein Photon der Wellenlänge λ_C erleide eine Compton-Streuung um $\theta = 180°$, d.h. es werde an einem ruhenden Elektron rückwärts gestreut. Berechne die Energie des rückwärts gestreuten Photons und die kinetische Energie des Rückstoßelektrons. Wie sieht es mit dem Impulssatz aus?

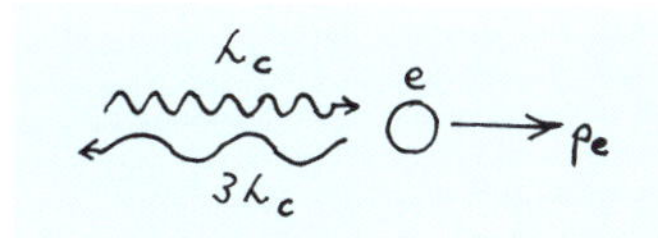

Es ist: $\lambda_2 - \lambda_C = \Delta\lambda = \lambda_C (1 - \cos\theta)$. Für $\theta = 180°$ → $\lambda_2 = \lambda_C + \Delta\lambda = \lambda_C + \lambda_C (1 - (-1)) = 3\lambda_C$.

Ein Photon der Wellenlänge $3\lambda_C$ hat die Energie

$$E = \frac{h \cdot c}{3\lambda_C} = \frac{h \cdot c \cdot m_0 c}{3 \cdot h} = \mathbf{\frac{1}{3} m_0 c^2}$$, wobei m_0 = Ruhmasse des Elektrons.

Ergebnis: Das einlaufende Photon der Wellenlänge λ_C hat die Energie $m_0 c^2$.

Das um $\theta = 180°$ rückwärts gestreute Photon hat die Wellenlänge $3\lambda_C$ und die Energie $\frac{1}{3} m_0 c^2$.

Den Differenzbetrag von $\frac{2}{3} m_0 c^2$ hat das Rückstoßelektron als kin. Energie aufgenommen.

Entsprechend gilt für den Impuls:

Das einlaufende Photon hat den Impuls $m_0 c$, das um $\theta = 180°$ rückwärts gestreute Photon hat den Impuls $-\frac{1}{3} m_0 c$, d.h. die Impulsänderung ist $m_0 c - \left(-\frac{1}{3} m_0 c\right) = \frac{4}{3} m_0 c$.

Genau diesen Impuls $p_e = \frac{4}{3} m_0 c$ muss das Rückstoßelektron aufnehmen.

Fazit: **Die Gesamtenergie $m_0 c^2 + m_0 c^2 = \frac{1}{3} m_0 c^2 + m_0 c^2 + \frac{2}{3} m_0 c^2 = 2 m_0 c^2$**

und der Gesamtimpuls $m_0 c + 0 = -\frac{1}{3} m_0 c + \frac{4}{3} m_0 c = m_0 c$

vor und nach dem elastischen Stoß Photon-Elektron bleiben erhalten.

Für das Rückstoßelektron mit $E_{kin} = \frac{2}{3} m_0 c^2$ ergibt sich nach Abb. 31 eine **relativistische Geschwindigkeit** von $v = \frac{4}{5} c = 0{,}8\ c$.

Geeignete Materialien absorbieren „weiche“, d.h. längerwellige Röntgenstrahlung **stärker** als kurzwellige = harte Röntgenstrahlung. Mit Hilfe der **Absorption** lässt sich daher die längerwellige Compton-Streustrahlung experimentell nachweisen.

Neben dem lichtelektrischen Effekt war der **Compton-Effekt** eine weitere wichtige Bestätigung für die **Quantenvorstellung** der Strahlung. Die von Compton (1892 - 1954) gefundene **Vergrößerung der Wellenlänge** der Streustrahlung lässt sich mit der Wellenauffassung der Strahlung grundsätzlich **nicht** erklären. Denn wenn freie Elektronen von einer elektromagnetischen Lichtwelle überstrichen werden, so müssen sie wegen der periodisch sich ändernden elektrischen Kräfte zu Schwingungen veranlasst werden. Jedes schwingende Elektron stellt aber einen **Hertzschen Dipol** dar, der neue elektromagnetische Strahlung aussendet. Es tritt eine Erscheinung ein, die man als **Streuung** bezeichnet: die Energie der primären Strahlung wird teilweise aus ihrer ursprünglichen Fortpflanzungsrichtung **abgelenkt** und von den Streuzentren nach den verschiedenen Richtungen verteilt. Nach dieser Wellenauffassung muss die Streustrahlung die **gleiche Wellenlänge** wie die Primärstrahlung haben, denn die Frequenz der Streustrahlung ist gleich der des schwingenden Elektrons, und dieses schwingt mit der gleichen Frequenz wie die erregende Primärstrahlung. Die von Compton gefundene Vergrößerung der Wellenlänge der Streustrahlung lässt sich also mit dem Wellenmodell **nicht** deuten.

Dagegen finden wir - wie wir gesehen haben - sofort eine Erklärung in der Annahme, dass ein einzelnes Röntgenquant mit der Energie $h\nu$ und dem Impuls $h\nu/c$ gegen ein quasi freies Elektron stößt, wobei der **relativistische Energie- und Impulserhaltungssatz** gelten.

Der bekannte Physiko-Chemiker Walther Nernst (1920 Nobelpreis für Chemie) hatte den belgischen Chemiker und Industriellen Ernest Solvay dafür gewinnen können, eine Konferenz führender Physiker einzuberufen und zu finanzieren, um ein Diskussionsforum der neuesten wissenschaftlichen Erkenntnisse zu schaffen. Die ***erste Solvay-Konferenz*** *fand Anfang November 1911 in Brüssel statt und befasste sich mit dem Thema „Die Theorie der Strahlung und die Quanten". Berühmt war der* ***fünfte Solvay-Kongress*** *im Oktober 1927 bei dem es um die „Kopenhagener Deutung" der neuen Quantenmechanik ging.*

A. PICCARD W. GERLACH C. DARWIN P.A. DIRAC

E. HENRIOT MANNEBACK H.A. KRAMERS J.H. VAN VLECK W. HEISENBERG

E. HERZEN J. VERSCHAFFELT A. COTTON J. ERRERA O. STERN H. BAUER P. KAPITZA L. BRILLOUIN P. DEBYE W. PAULI J. DORFMAN E. FERMI

Th. DE DONDER P. ZEEMAN P. WEISS A. SOMMERFELD Mme CURIE P. LANGEVIN A. EINSTEIN O. RICHARDSON B. CABRERA N. BOHR W.J. DE HAAS

Abb. 32:

A. Einstein als Teilnehmer auf dem ***sechsten Solvay-Kongress*** *1930 in Brüssel. Die Konferenz behandelte die magnetischen Eigenschaften der Materie. Am Rande der Konferenz setzten* ***Niels Bohr und Albert Einstein ihre Debatte über die erkenntnistheoretischen Grundlagen der neuen Quantenmechanik fort.*** *Hier trug Einstein sein berühmtes Gedankenexperiment („das Photon im Kasten") vor, das die Heisenbergsche Unschärferelation* $\Delta E \cdot \Delta t \approx h$ *widerlegen sollte. Bohr musste zur* ***allgemeinen Relativitätstheorie*** *greifen, um den Fehler in Einsteins Überlegung zu finden.*

Quelle: Sugimoto

Die prominentesten Teilnehmer auf dem 6. Solvay-Kongress in Brüssel waren (Abb. 32):

Ganz rechts **Werner Heisenberg** (1901 - 1976). Nobelpreis 1932 für seine bahnbrechenden Arbeiten zur Quantenmechanik. Berühmt sind die **Heisenbergschen Unschärferelationen,** die das Herz der Quantenmechanik bilden: Im atomaren Bereich lassen sich Ort und Impuls eines Teilchens **nicht gleichzeitig** beliebig genau messen. Vielmehr gilt: $\Delta p \cdot \Delta x \geq h$. Je genauer wir die Lagekoordinate angeben, je kleiner also Δx wird, um so größer wird die Ungenauigkeit Δp des Impulses und umgekehrt. In ähnlicher Weise hängt die Unschärfe in der Energiemessung mit der dafür benötigten Zeit zusammen: $\Delta E \cdot \Delta t \geq h$.

Neben Heisenberg der Nobelpreisträger **Enrico Fermi** (1901 - 1954), bekannt durch die **Fermi-Dirac-Statistik**, die für Teilchen mit halbzahligem Spin gilt. Ferner gelang es Fermi 1942 in Chicago den ersten **Kernreaktor** in Betrieb zu nehmen.

Rechts unten **Niels Bohr** (1885 - 1962). Jeder kennt das berühmte **Bohrsche Atommodell**. Der 28-jährige Bohr verband 1913 das Rutherfordsche Atommodell mit der Quantentheorie von Planck und Einstein und stellte seine beiden Postulate auf: Es gibt im Gegensatz zur Maxwellschen Elektrodynamik stabile Elektronenbahnen, auf denen das Elektron nicht strahlt. Für diese Bahnen gilt: Bahnlänge x Impuls $= 2 \pi r \times mv = n h$ ($n = 1, 2, 3, \ldots$). Und: Das Elektron kann von einer Quantenbahn auf die andere springen, dabei wird ein Lichtquant der Frequenz $h\nu = E_n - E_m$ emittiert. Diese beiden Postulate lösten wie ein Zauberstab viele bisherige Schwierigkeiten und brachten eine systematische Ordnung in die ungeheure Fülle der Spektren. Bohr erhielt 1922 den Nobelpreis. Das Institut von Niels Bohr in Kopenhagen wurde eine der Hochburgen der theoretischen Physik.

Rechts hinten **Wolfgang Pauli** (1900 - 1958). Berühmt durch das **Pauli-Verbot:** Es darf in einem Atom keine Elektronen geben, die in allen vier Quantenzahlen übereinstimmen. Damit konnte das alte Rätsel des Aufbaus des periodischen Systems der Elemente endgültig geklärt werden. 1945 Nobelpreis. Pauli und Heisenberg haben eng zusammengearbeitet und waren freundschaftlich verbunden.

Vorne in der Mitte sitzend **Albert Einstein** (1879 - 1955). Schöpfer der **speziellen und allgemeinen Relativitätstheorie.** 1922 Nobelpreis für die Deutung des lichtelektrischen Effektes. Einstein ist wohl der populärste Physiker aller Zeiten.

Hinter Einstein stehend **Paul Adrien Dirac** (1902 - 1984). 1933 Nobelpreis. Anfang 1928 veröffentlichte der junge Dirac seine berühmte **relativistische Wellengleichung** des Elektrons, die ohne weitere Zusatzannahmen zu einer Erklärung aller Spineffekte führt. Die Dirac-Gleichung des gebundenen Elektrons liefert neben den Zuständen positiver noch solche negativer Energie. Damit gelang es Dirac, das **Positron** theoretisch vorherzusagen, das 1932 experimentell gefunden wurde.

In der vorderen Reihe sitzend **Marie Curie** (1867 - 1934). Das Ehepaar Pierre und Marie Curie entdeckten die radioaktiven Elemente **Polonium** und **Radium**. In mühsamer und zäher Arbeit stellten sie reines Radium her und bestimmten dessen Atomgewicht mit 225. Marie Curie erhielt 1903 den Nobelpreis für Physik und 1911 den Nobelpreis für Chemie.

Neben Mme Curie sitzend **Arnold Sommerfeld** (1868 - 1951). Professor für theoretische Physik in München und Lehrer von Werner Heisenberg und Wolfgang Pauli. Er verfeinerte das Bohrsche Atommodell und konnte somit die **Feinstruktur der Spektrallinien** begründen.

Hinter Arnold Sommerfeld stehend **Otto Stern** und **Walther Gerlach**, die 1921 in einem berühmten Experiment die **Richtungsquantelung des Drehimpulses** bzw. magnetischen Momentes von Atomen nachgewiesen haben.

Quelle: Sugimoto

Abb. 33: Einstein auf einer Veranstaltung der „Liga für Menschenrechte“, Berlin 1932.

Einstein gehörte der „Liga für Menschenrechte“ an und ist hier häufig als Redner und Vermittler aufgetreten. In diesem Zusammenhang hat er sein „Glaubensbekenntnis“ formuliert, das diese Organisation als Schallplatte herausgegeben hat. Hier einige Passagen aus der von Einstein selbst besprochenen Schallplatte:

„Zu den Menschen zu gehören, die ihre besten Kräfte der Betrachtung und Erforschung objektiver, nicht zeitgebundener Dinge widmen dürfen und können, bedeutet eine besondere Gnade. Wie froh und dankbar bin ich, dass ich dieser Gnade teilhaftig geworden bin, die weitgehend vom persönlichen Schicksal und vom Verhalten der Nebenmenschen unabhängig macht. Aber diese Unabhängigkeit darf uns nicht blind machen gegen die Erkenntnis der Pflichten, die uns unaufhörlich an die frühere, gegenwärtige und zukünftige Menschheit binden. ......

Nach Wohlleben und Luxus strebte ich nie und habe sogar ein gut Teil Verachtung dafür. Meine Leidenschaft für soziale Gerechtigkeit hat mich oft in Konflikt mit den Menschen gebracht, ebenso meine Abneigung gegen jede Bindung und Abhängigkeit, die mir nicht absolut notwendig erschien. Ich achte stets das Individuum und hege eine unüberwindliche Abneigung gegen Gewalt und gegen Vereinsmeierei. Aus allen diesen Motiven bin ich leidenschaftlicher Pazifist und Antimilitarist, lehne jeden Nationalismus ab, auch wenn er sich nur als Patriotismus gebärdet. ......

*Ich bin zwar im täglichen Leben ein typischer Einspänner, aber das Bewusstsein, der unsichtbaren Gemeinschaft derjenigen anzugehören, die nach Wahrheit, Schönheit und Gerechtigkeit streben, hat das Gefühl der Vereinsamung nicht aufkommen lassen. Das Schönste und Tiefste, was der Mensch erleben kann, ist das Gefühl des Geheimnisvollen. Es liegt der Religion sowie allem tieferen Streben in Kunst und Wissenschaft zugrunde. Wer dies nicht erlebt hat, erscheint mir, wenn nicht wie ein Toter, so doch wie ein Blinder. Zu empfinden, dass hinter dem Erlebbaren ein für unseren Geist Unerreichbares verborgen sei, dessen Schönheit und Erhabenheit uns nur mittelbar und in schwachem Widerschein erreicht, **das** ist Religiosität. In **diesem** Sinne bin ich religiös. Es ist mir genug, diese Geheimnisse staunend zu ahnen und zu versuchen, von der erhabenen Struktur des Seienden in Demut ein mattes Abbild geistig zu erfassen.“*

Abb. 34:
Foto Einsteins um das Jahr 1930. Einstein wurde in seinem Leben so häufig fotografiert, dass er einmal einem Fremden, der ihn nach seinem Beruf fragte, antwortete: „Ich bin Fotomodell".

Einstein lehnte jede Art von Personenkult ab. Anlässlich eines Festessens hielt der irische Dramatiker und Nobelpreisträger George Bernard Shaw eine begeisterte Rede auf Einstein und schloss mit dem Satz: „Meine Damen und Herren, ich erhebe mein Glas auf den größten unserer Zeitgenossen: Professor Einstein". Einstein erwiderte: ***„Ich persönlich danke Ihnen auch für die unvergesslichen Worte, die Sie an meinen mythischen Namensbruder gerichtet haben, der mir das Leben so seltsam schwer macht".***

Quelle: Pais

Einsteins Mutter war eine in Literatur und Musik bewanderte Frau, die selbst Klavier spielte und darauf achtete, dass Albert Geige spielen lernte. Die Liebe zur Geige wuchs allerdings erst, als er mit dreizehn Jahren die Struktur der Musik entdeckte. Das Instrument sollte in späteren Jahren zum ständigen Begleiter des großen Physikers werden. Die Komponisten des achtzehnten Jahrhunderts waren Einsteins Favoriten. **Einstein liebte die Musik Bachs und Mozarts.** Für Beethoven hegte er mehr Bewunderung als Liebe, zu den späteren Komponisten hatte er weniger Beziehung.

Abb. 35: „Keine große musikalische Kapazität", so schildert Brigitte B. Fischer, die Tochter des Verlegers Samuel Fischer und selbst musisch veranlagt, Albert Einstein in ihren autobiographischen Aufzeichnungen: „Er war ein großer Musikliebhaber und leidenschaftlicher Geiger, vertrug aber keine Kritik an seinem Geigenspiel und konnte in Zorn geraten, wenn ihm etwas misslang. Als er eines Tages zusammen mit einer hervorragenden Berufsgeigerin, der Schwiegertochter Gerhart Hauptmanns, und mit mir am Klavier, das Doppelkonzert von Bach spielte, unterbrach er plötzlich und schrie seine Partnerin, deren großer Ton ihn überspielte, zornig an: ***„Spielen Sie doch nicht so laut!"*** *Ich glaube, er regte sich dabei mehr auf, als er es je in einem wissenschaftlichen Disput getan hätte."*

Quelle: Ullstein

Abb. 36:
Die Liebe zur Musik verband Albert Einstein und den holländischen Physiker Paul Ehrenfest. *Hier eine Zeichnung aus dem Jahre 1920. Die holländischen Physiker hätten es sehr begrüßt, wenn Einstein sich an der Universität Leiden fest etabliert hätte. Leiden war damals berühmt durch sein Kältelaboratorium. Hier hatte der holländische Physiker Kamerlingh Onnes 1911 entdeckt, dass Quecksilber unterhalb einer Temperatur von 4,2° K seinen elektrischen Widerstand völlig verliert (Supraleitung) und dafür 1913 den Physik-Nobelpreis erhalten.*

Quelle:
Historisches Museum Leiden

Abb. 37:
Auch in Amerika nahm Einstein aktiv an Benefiz- und Wohltätigkeitsveranstaltungen teil. *Hier gibt er zusammen mit der Pianistin Gaby Casadeus ein Konzert zugunsten von Flüchtlingskindern.*

Quelle:
American Jewish Archives, Cincinnati, Ohio

Abb. 38: Bild Albert Einsteins aus den letzten Lebensjahren (um 1952). Seine ungespielte Bescheidenheit und das völlige Desinteresse an der äußeren Erscheinung prägten unverwechselbar sein Bild in der Öffentlichkeit. Er wurde die Personifizierung des weltfremden Genies, dessen Gedankenflügen kein gewöhnlicher Sterblicher zu folgen vermag.

1952 wurde Einstein die Präsidentschaft des jungen Staates Israel angeboten. Er lehnte ab mit der Begründung, er sei zu alt und zu naiv für die Politik. Vielleicht hatte er in Wirklichkeit einen anderen Grund. Um ihn noch einmal zu zitieren: ***„Gleichungen sind wichtiger für mich, weil die Politik für die Gegenwart, eine Gleichung dagegen für die Ewigkeit ist“.***

Am 18. April 1955 starb Einstein im 77. Lebensjahr in einem Krankenhaus in Princeton. Er hatte sich jede Trauerfeier verbeten. Er wollte weder Totenreden noch ein Grabmal. So nahmen nur engste Verwandte und Freunde im Krematorium Abschied. Seinem Wunsch gemäß wurde die Asche des Weltbürgers in alle Winde verstreut.

Quelle: Hawking

Schriftenreihe zur naturwissenschaftlichen Bildung

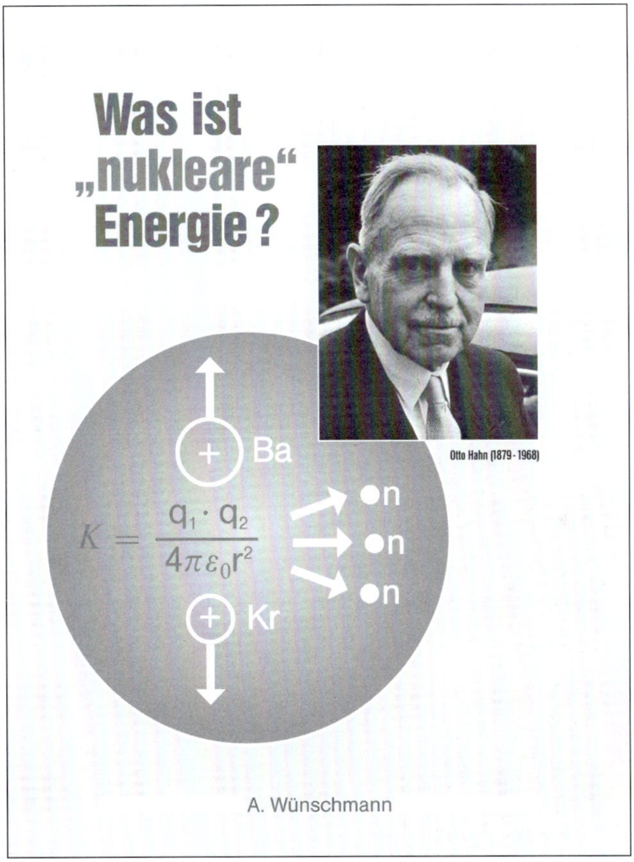

A. Wünschmann, Was ist „nukleare“ Energie?

Format 17 x 24 cm, 32 S., brosch., € 5,– zzgl. Versand

Inhalt:
Das Coulombsche Gesetz • Coulombkraft und Kernkräfte • Abschätzung der bei der Kernspaltung von Uran 235 freiwerdenden Energie mit Hilfe des Coulombgesetzes • Prinzip der konventionellen und „nuklearen“ Stromerzeugung • Strahlenbelastung im Vergleich • Wer war Otto Hahn?

Studien-Verlag Wünschmann
Kahlenbergring 38
67292 Kirchheimbolanden
Telefon 0 63 52 / 18 83
Telefax 0 63 52 / 63 87
E-mail: sv-wuenschmann@t-online.de
www.sv-wuenschmann.de

Schriftenreihe zur naturwissenschaftlichen Bildung

A. Wünschmann, Der Weg zur Quantenmechanik,

Format 19,7 x 27 cm, 88 S., brosch., € 11,– zzgl. Versand

Inhalt:

Teil 1: Der Weg zur Schrödinger-Gleichung • Ähnlichkeit zwischen Lichtstrahlweg und Teilchenbahn • Der Dualismus beim Licht: Welle und Teilchen • Der Dualismus bei der Materie: Teilchen und Welle • Der Weg zur Schrödinger-Gleichung • Wer war Erwin Schrödinger?

Teil 2: Beispiele • Der unendlich hohe Potentialtopf • Der quantenmechanische Tunneleffekt • Die Heisenberg'sche Unbestimmtheitsrelation • Der harmonische Oszillator im Grundzustand nach Schrödinger • Schrödinger-Gleichung und quantisierte Energieniveaus • Das H-Atom im Grundzustand nach Bohr und Schrödinger • Das Theoriengebäude der Physik

Teil 3: Orbitalmodell und Periodensystem • s- und p- Orbitale des H-Atoms • Elektronenspin - Pauli-Verbot - Periodensystem • Richtungsabhängigkeit der kovalenten Bindung • Das Fermi-Elektronengas • Die Kontroverse Einstein – Bohr

Schriftenreihe zur naturwissenschaftlichen Bildung

„Mit seinem Buch 'Der Weg zur Quantenmechanik' ist es dem Autor gelungen, eine Lücke zwischen Hochschul-Lehrbüchern und populärwissenschaftlicher Literatur über die Quantenmechanik zu schließen."

(Prof. Dr. Dr. h. c. W. Weidlich, Ordinarius für Theoretische Physik an der Universität Stuttgart)

„Je länger ich in dem oben genannten Buch las, um so mehr Vergnügen hat mir die Lektüre bereitet. Nicht deshalb, weil etwa völlig neue Erkenntnisse vermittelt würden, sondern weil wichtige Einsichten und Zusammenhänge in einer Weise dargestellt werden, die auch für Schüler der Klassenstufen 12 und 13 interessant und nachvollziehbar ist."

(Prof. Dr. M. Becker, Staatliches Seminar für Schulpädagogik, Bereich Physik, Universität Heidelberg)

„Es ist ja immer ein besonderes Problem, wie man komplexe physikalische Sachverhalte stufengerecht 'elementarisieren' kann, also für die jeweilige Adressatenklientel aufbereiten kann, ohne sachliche Zugeständnisse und ohne Lücken, die durch eventuell fehlende mathematische Kenntnisse erzwungen werden könnten. Dem Autor ist dies ganz offensichtlich für ein Thema gelungen, das bisher so noch nicht für die Schulphysik aufbereitet wurde. Es erscheint durchaus denkbar, dass auch künftige Schulbuchautoren sich durch die geglückte Art der Darstellung anregen lassen, die Herleitung der Schrödingergleichung so oder wenigstens so ähnlich in die Oberstufenlehrbücher aufzunehmen."

(R. Wagner, StD am Max-Planck-Gymnasium, München)

„Alle Physiklehrer können die Schrift mit großem Nutzen zur Vorbereitung des Bereiches Wellenmechanik verwenden. Die mathematischen Herleitungen sind korrekt, aber sie bleiben immer verständlich. Die physikalischen Aussagen werden knapp, aber ausreichend vorbereitet, so dass ein schneller Einblick und Überblick über die Thematik entsteht."

(B. Stumpf, OStD am Copernicus-Gymnasium, Philippsburg)

Referat:

„Das Photon im Kasten – die Kontroverse Einstein – Bohr“

A. Wünschmann

Werner Heisenberg (1901 - 1976)

Heisenberg-Kolloquium des Deutschen Philologenverbandes aus Anlass des 100. Geburtstages von Werner Heisenberg

A. Wünschmann

A. Wünschmann, Das Photon im Kasten - die Kontroverse Einstein – Bohr

Format 21 x 29,7 cm, 16 S., € 4,– zzgl. Versand

Inhalt:

Der 6. Solvay-Kongress in Brüssel • Heisenberg war überzeugter Platoniker • Die Heisenbergschen Unschärferelationen • Einsteins Gedankenexperiment: Das Photon im Kasten • Bohrs quantitative Widerlegung • Das Äquivalenzprinzip der allgemeinen Relativitätstheorie • Die gravitative Rotverschiebung

Einstein Poster

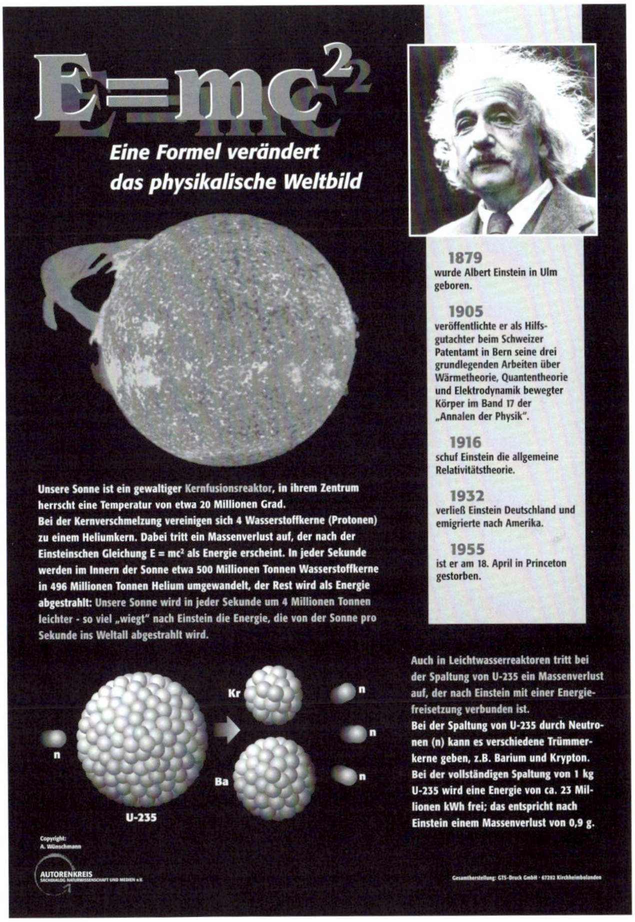

Einstein Poster

Format 50 x 70 cm, farbig, € 6,- zzgl. Versand

Studien-Verlag Wünschmann
Kahlenbergring 38
67292 Kirchheimbolanden
Telefon 0 63 52 / 18 83
Telefax 0 63 52 / 63 87
E-mail: sv-wuenschmann@t-online.de
www.sv-wuenschmann.de

Stellungnahme der DPG zur Energiesituation in Deutschland

Nach wissenschaftlicher Abwägung aller relevanten Fakten kommt die **Deutsche Physikalische Gesellschaft** (DPG) zu dem Ergebnis, dass **jede zukünftige Energieplanung** sich an die folgenden Rahmenbedingungen halten muss:

- Die Bedrohung des Klimas durch CO_2-Ausstoß ist real. Schon die Durchsetzung des Reduktionsziels von 25% bis zum Jahr 2005, das auch die neue Bundesregierung verfolgt, erfordert eine **erhebliche Verminderung des Anteils der Steinkohle-, Braunkohle- und Ölkraftwerke an der Stromerzeugung** sowie starke Maßnahmen im Verkehrs- und Gebäudewesen.
- Grundvoraussetzung erfolgreichen Klimaschutzes ist die **Einsparung von Energie**; das gilt gerade auch im Gebäudesektor, vor allem durch Sanierung des Gebäudebestandes.
- Alle Prognosen des deutschen Stromverbrauchs ermitteln einen ungefähr **gleichbleibenden Bedarf**. Einer Stilllegung von Kernkraftkapazität und fossil befeuerten Kraftwerken müsste also ein voller Ausgleich durch Strom aus regenerierbaren Quellen gegenüberstehen.
- Die regenerierbaren Energiequellen können einen erheblichen Teil des Energieverbrauchs decken, bei weitem aber **nicht** den gesamten Bedarf. Fortschrittliche Technik kann in dem nötigen Umfang nicht über Nacht in Gang gesetzt werden, da sie auf schrittweiser Erfahrung beruht. Der regenerative Anteil der deutschen Stromproduktion kann unter optimalen Bedingungen in 10 Jahren auf etwa 10% gebracht werden.
- Die DPG hat im Hinblick auf den Klimaschutz dargelegt, dass unter Einsatz aller realistischen Möglichkeiten bis zum Jahr 2030 etwa ein Drittel des deutschen Strombedarfs aus regenerierbaren Quellen gedeckt werden kann. Setzt man den verbleibenden Anteil fossiler Energieträger entsprechend den Klimaschutzforderungen der Enquête-Kommission des Deutschen Bundestages „Schutz der Erdatmosphäre" auf 37% an, so ergibt sich für die Deckung des dann noch notwendigen Strombedarfs **ein Anteil von 30% für die Kernenergie**. Dieser mittelfristig unumgängliche Bedarf an Kernenergie erfordert die **Aufrechterhaltung nuklearer Kompetenz** in Deutschland. Insbesondere ist eine **konsequente Weiterentwicklung der nuklearen Sicherheitstechnik** sowohl für den Betrieb als auch für die Entsorgung geboten. Dies gilt auch im Hinblick auf Sicherheitsdefizite im benachbarten Ausland.
- In jedem Fall müssen die leistungsfähigsten Stromquellen der erneuerbaren Energien gefördert werden.

Beschlossen vom Vorstandsrat 1999 in Bad Honnef.

DEUTSCHE PHYSIKALISCHE GESELLSCHAFT E.V.

D-53604 Bad Honnef, Hauptstr. 5, Tel. (0 22 24) 92 32-0, Fax (0 22 24) 92 32-50

www.dpg-physik.de

Ruhenergien einiger Elementarteilchen und leichter Kerne

Teilchen	Symbol	Ruhenergie in MeV
Photon	γ	0
Elektron (Positron)	e oder e^- (e^+)	0,511
Myon	$\mu^{\pm}$	105,7
Pion	π^{o}	135
	$\pi^{\pm}$	139,6
Proton	p	938,280
Neutron	n	939,573
Deuteriumkern	${}^2_1H$ oder D	1875,628
Tritiumkern	${}^3_1H$ oder T	2808,944
α-Teilchen	${}^4_2He$ oder α	3727,409

Quelle: Tipler

Bindungsenergie und nukleare Fusionsprozesse

Ein Deuteron besteht aus einem Proton und einem Neutron. Aus obiger Tabelle entnehmen wir für die Ruhenergie des Deuterons einen Wert von 1 875,63 MeV, die des Protons ist 938,28 MeV und die des Neutrons 939,57 MeV. Die Summe der Ruhenergien von Proton und Neutron liegt also um 938,28 MeV + 939,57 MeV - 1 875,63 MeV = **2,22 MeV** höher als die Ruhenergie des Deuterons. Diese Energiedifferenz wird benötigt,um das Deuteron in seine Bestandteile zu zerlegen und heißt daher **Bindungsenergie** des Deuterons. Man kann dem Deuteron diese Energie durch Beschuss mit Teilchen oder elektromagnetischer Strahlung zuführen.

Nach der gleichen Überlegung ergibt sich die **Bindungsenergie** des α-Teilchens zu ΔE = 2 x 938,28 MeV + 2 x 939,57 MeV - 3 727,41 MeV = **28,29 MeV**, d. h. der Energiebetrag von 28,29 MeV muss aufgewendet werden, um einen Heliumkern in seine vier Bestandteile zu zerlegen. Oder anders gesagt: Verschmelzen zwei Protonen und zwei Neutronen zu einem Heliumkern, so wird die Bindungsenergie von ΔE = 28,29 MeV frei. Die freiwerdende Bindungsenergie ΔE führt nach der Einstein-Gleichung $\Delta m = \Delta E / c^2$ zu einem **Massendefekt** des Heliumkerns, der mit einem Massenspektrometer sehr genau gemessen werden kann. **Somit sind die gemessenen Massendefekte ein direktes Maß für die Bindungsenergie der Atomkerne.** Das α-Teilchen ist mit seiner hohen Bindungsenergie von rund 28 MeV die **stabilste gebundene kleine Einheit von Nukleonen**. Dies ist der Grund dafür, dass häufig α-Teilchen bei Kernreaktionen aus Atomkernen ausgestoßen werden.

Bei der **nuklearen Fusionsreaktion** ${}^2_1H + {}^3_1H \longrightarrow {}^4_2He + n + \Delta E$, die im Innern mancher Fixsterne abläuft, wird nach obiger Tabelle die Energie ΔE = 1875,63 MeV + 2808,94 MeV - 3727,41 MeV - 939,57 MeV = **17,59 MeV** frei. Verschmelzen also ein Deuteriumkern und ein Tritiumkern zu einem Heliumkern und ein Neutron bleibt übrig, so wird eine Energie von 17,59 MeV freigesetzt. Die **freiwerdende Energie wird in den Weltraum abgestrahlt,** dadurch verringert sich die Ruhmasse des Fixsterns.